Verständliche Wissenschaft Band 98

Herbert W. Franke

Methoden der Geochronologie

Die Suche nach den Daten der Erdgeschichte

Mit 73 Abbildungen

Springer-Verlag

Berlin · Heidelberg · New York 1969

Herausgeber der Naturwissenschaftlichen Abteilung:
Prof. Dr. Karl v. Frisch, München

Dr. phil. Herbert W. Franke
Mitglied der internationalen Kommission für Speläochronologie
8024 Kreuzpullach

ISBN-13: 978-3-540-04745-2   e-ISBN-13: 978-3-642-87479-6
DOI: 10.1007/978-3-642-87479-6

Umschlaggestaltung: W. Eisenschink, Heidelberg

Vorwort

Das vorliegende Bändchen „Methoden der Geochronologie" ging aus dem 1962 beim Union-Verlag, Stuttgart, erschienenen Buch „Die Sprache der Vergangenheit" hervor. Es wurde völlig neu bearbeitet und nach dem neuesten Stand der Forschung ergänzt. Die Darstellung eines Wissensgebietes, an dem so viele Fachrichtungen beteiligt sind, hätte ohne den Rat und die Unterstützung von Spezialisten nicht gelingen können. Sowohl zur ersten wie auch zur zweiten Auflage haben viele Herren in freundlicher Weise beigetragen, wofür ihnen auch an dieser Stelle gedankt sei:

Prof. Dr. ALFRED W. H. BÖGLI, Hitzkirch;

Dipl.-Geol. KLAUS CRAMER, Bayerische Landesstelle für Gewässerkunde, München;

Prof. Dr. IVAN GAMS, Slovenska Akademija Znanosti in Umetnosti, Ljubljana;

Dr. MEBUS A. GEYH, Niedersächsisches Landesamt für Bodenforschung, Hannover;

Dr. WALTER GRABHERR, Innsbruck;

Ing. ALOIS HACH, Stuttgart;

Prof. Dr. FLORIAN HELLER, Geologisches Institut der Universität, Erlangen;

Dr. LEONARD F. HERZOG, II. Department of Geophysics and Geochemistry, Pennsylvania State University;

Prof. Dr. KAZIMIERZ KOWALSKI, Zaklad Zoologii Systematycznej Polskiej Akademii Nauk, Kraków;

Prof. Dr. HERBERT KÜHN, Prähistorisches Institut der Universität Mainz;

Prof. Dr. KARL MÄGDEFRAU, Institut für spezielle Botanik der Universität Tübingen;

Dr. ERLEND MARTINI, Geologisches Institut der Universität Frankfurt am Main;

Dr. KARL O. MÜNNICH, Zweites Physikalisches Institut der Universität Heidelberg;

Dr. Kenneth P. Oakley, British Museum (Natural History),
Department of Palaeontology, London;

Prof. Dr. Fritz Overbeck, Botanisches Institut der Universität
Kiel;

Dr. Otto Seewald †, Wien;

Dr. Walter Treibs, Geologisches Landesamt, München;

Prof. Dr. Hubert Trimmel, Bundesdenkmalamt, Wien;

Prof. Dr. Johann Carl Vogel, Naturkuundig Laboratorium
der Rijks-Universität, Groningen;

Dr. Josef Vornatscher, Wien;

Prof. Dr. Heinrich Wänke, Max-Planck-Institut für Chemie,
Mainz.

Besonders verbunden fühlt sich der Verfasser dem Herausgeber, Herrn Prof. Dr. Karl v. Frisch, der in mehreren Gesprächen wertvolle Anregungen für die Abfassung und Gestaltung gab. Zu danken ist weiter dem Verlag für die Bereitschaft zur großzügigen Ausstattung des Bandes mit Diagrammen und Illustrationen.

Kreuzpullach, im Frühjahr 1969   H. W. F.

Inhaltsverzeichnis

Einleitung

Die Frage „wann?" steht am Anfang aller im allgemeinsten Sinn geschichtlichen Forschung, ob es sich nun um die Vergangenheit des Menschen, der Tiere, der Pflanzen, der Erde oder des Weltalls handelt. Wie aber soll man sie beantworten, da es doch um Zeiträume geht, über die keine schriftlichen Aufzeichnungen berichten?

Wo der direkte Weg verschlossen ist, führen oft Umwege zum Ziel. Diesen Umwegen, den Methoden zur Entschlüsselung der Vergangenheit mit dem besonderen Bestreben, Zeitangaben für die verschiedenartigen Ereignisse zu gewinnen, ist dieses Buch gewidmet. Die Fortschritte auf dem Gebiet der Datierung erscheinen vor allem deshalb wert, einem größeren Kreis zugänglich gemacht zu werden, weil sie ein verbindendes Element zwischen mehreren Spezialwissenschaften bilden. Die Spuren, die es auszuwerten gilt, stammen aus allen Bereichen, den anorganischen genauso wie den organischen. Vor allem sind sie dort zu finden, wo sie durch ihre geschützte Lage dem Zugriff der verändernden Einflüsse von Regen und Wind, von Verwitterung und Tierfraß entzogen waren — in den Tiefen der Boden- und Gesteinsschichten, in Höhlen, die natürliche Reservate von Relikten der Vergangenheit sind.

Noch schwerer zu erschließen sind Anhaltspunkte für die Kosmochronologie — der Wissenschaft, die sich mit der Altersgliederung des Weltalls beschäftigt. Für sie haben besonders die Meteorite große Bedeutung gewonnen; das meiste, was wir über seine Entwicklung wissen, verdanken wir aber nach wie vor der Strahlung, die von fernen Himmelskörpern zu uns dringt. Durch das gemeinsame Interesse an Altersangaben kommen einander nicht nur die Wissenschaften näher, die sich mit den früheren Formen der Lebewesen und den Zuständen ihres Lebensraumes beschäftigen — die Chronologie schafft auch eine Verbindung mit

Forschungsgebieten, die scheinbar nichts mit vergangenen Ereignissen zu tun haben, etwa mit der Chemie und der Physik. Gerade die Erkenntnisse dieser Wissenschaften, insbesondere jene der Kernphysik, haben wesentlich dazu beigetragen, daß sich das Zusammensetzbild der Vergangenheit allmählich zu schließen beginnt und jene Linien deutlich hervortreten, die von den dunkelsten Urzuständen bis zur heutigen Situation führen. Dieses Wissen um das Vergangene braucht man, wenn man die Gegenwart verstehen will.

Es ist natürlich problematisch, über etwas zu berichten, was noch so sehr in der Entwicklung begriffen ist wie die Wissenschaft von den Altersbestimmungen. Fast täglich kommen neue Erkenntnisse hinzu, manches ist noch nicht gesichert, vieles befindet sich erst in der Erprobung. In diesem Buch werden die wichtigsten und aussichtsreichsten Methoden der Geochronologie beschrieben — ein Anspruch auf Vollständigkeit besteht nicht. Da das Hauptgewicht auf den theoretischen und praktischen Mitteln dieser Wissenschaft liegt, dienen Ergebnisse nur als Beispiele.

Dadurch soll das gewonnen werden, um das es eigentlich geht: das Verständnis des wissenschaftlich unbelasteten, an den Dingen seiner Umwelt interessierten Lesers, dem sich ein fesselnder Teil unseres modernen Wissens eröffnen soll. Die Gedankengänge, die zu den Altersangaben führen, sind wie kaum etwas anderes dazu geeignet, die oft verwickelten, aber stets zielgerechten Wege der naturwissenschaftlichen Forschung zu beleuchten. Obwohl die Geochronologie noch eine junge Wissenschaft ist, beginnen sich schon die Ergebnisse ihrer Methoden wie Mosaiksteine aneinanderzufügen. Nicht alle haben ebenbürtige Resultate zu verzeichnen — manche sind genau, andere unsicher, manche weltweit gültig, andere regional begrenzt, manche umfassen Jahrmillionen, andere sind auf wenige Dezennien beschränkt. Und wenn einzelne allein auch unwichtig sind — im Zusammenwirken gewinnen sie Bedeutung, im Vergleich miteinander führen auch die ungenauen oder beschränkten zu Erkenntnissen, einander ergänzend überwinden sie ihre Grenzen. Und wenn das von ihnen gelieferte Ergebnis auch nur eine nüchterne Zahl ist, so wächst das Bild, das sie von der Vergangenheit entwerfen, doch über das abstrakte Schema hinaus und wird zu pulsierendem, wirkungsreichem, schicksalserfülltem Geschehen.

Stratigraphie

Die Wissenschaft, die sich mit der Zeitmessung beschäftigt, heißt Chronologie, und ihr Teil, der sich der erdgeschichtlichen Vergangenheit widmet, Geochronologie.

Die Geochronologie stützt sich auf eine andere Wissenschaft, die Stratigraphie. Stratum ist der lateinische Ausdruck für Schicht, Stratigraphie ist also die Lehre von den Schichten — fast alles, was uns Kunde aus vorgeschichtlicher und erdgeschichtlicher Zeit vermittelt, liegt schichtenweise angeordnet oder in Schichten eingebettet. Meist sind es Schichten von Ablagerungen — Gesteinen, Schutt, Lehm, Sand und dergleichen —, und darin stecken jene Überreste von Pflanzen, Tieren, Menschen, die uns das meiste von dem verraten haben, was über frühere Lebensformen bekannt ist, über ihr Vorkommen, ihre Verbreitung, ihre Lebensgewohnheiten und ihr Aussehen.

Die Grundlage der Stratigraphie ist folgende einleuchtende Erkenntnis: Was in der Tiefe liegt, ist älter, was außen liegt, jünger — sofern es sich seit seiner Bildung nicht umgelagert hat. Diese Voraussetzung ist die Vorbedingung für jeden weiteren Schluß, und so ist es die erste Aufgabe, wo immer eine Schichtenfolge freigelegt wird, sich davon zu überzeugen, daß sie seit ihrer Entstehung ungestört geblieben ist. Hat sich das aber erst einmal erwiesen, dann darf man den Querschnitt durch die Schichten, das Schichtenprofil, als das ansehen, was es ist: als einen Kalender, den die Natur uns schenkt.

Dieser Kalender liefert zwar keine Zahlen, aber er stellt die Aufeinanderfolge klar, er orientiert über Vorher und Nachher. Das Ergebnis ist eine „relative" Chronologie. Von besonderem stratigraphischen Wert sind einmalige, unverwechselbare und möglichst weitläufige Schichten — beispielsweise Kalkschichten aus den Schalen von Muscheln, die nur in einer ganz bestimmten geologischen Formation gelebt haben, oder Verbruchhorizonte (s. Abb. 1), die auf Klimaeinflüsse oder auf Erdbeben zurückgehen. In letzter Zeit haben auch Lagen vulkanischer Asche, die oft über weite Bereiche verbreitet wurde, stratigraphische Bedeutung gewonnen. Auch die Gleichzeitigkeit von Ereignissen läßt sich oft stratigraphisch nachweisen: So sind eingeschlossene

Fundstücke meist so alt wie die zugehörige Ablagerung. Für die Gelehrten der Mitte des vorigen Jahrhunderts bedeutete es etwa eine aufregende Erkenntnis, daß der Vorzeitmensch gleichzeitig mit heute ausgestorbenen Tieren wie Höhlenbären und Mammuts lebte.

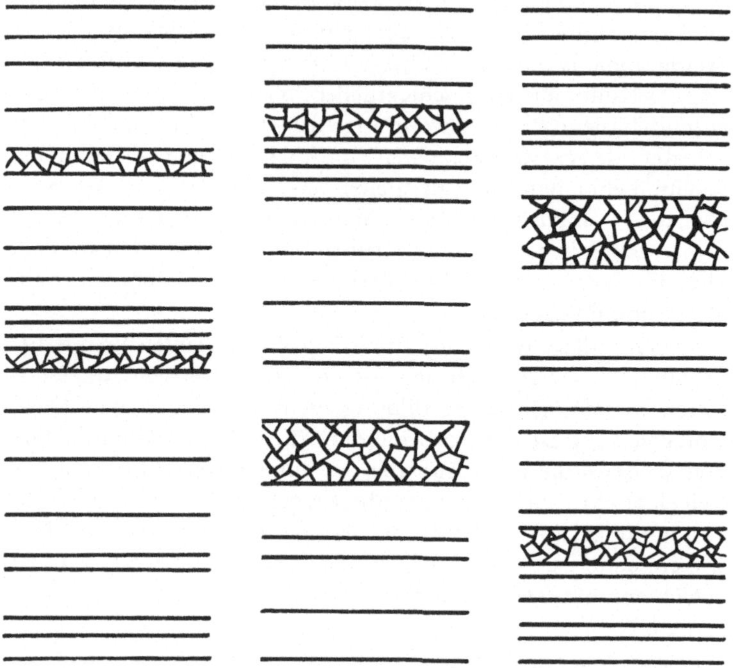

Abb. 1. Analoge Schichtenprofile mit Verbruchhorizonten (schematisch)

Selbstverständlich gehört zu jeder Untersuchung einer Schichtenfolge auch eine Prüfung des Materials auf seine mechanische und chemische Beschaffenheit, auf mikroskopische Einschlüsse und so fort. Dabei ergeben sich weitere Anhaltspunkte für Entstehung und Herkunft, die oft auch Schlüsse auf Alterswerte zulassen. Zum Beispiel sind rote Böden als Zeugnisse für warmes Klima anzusehen, Bruchschutt deutet auf Frost, Salz in der Regel auf Trockenzeiten. Die Gründe dafür sind leicht zu erklären: Rotverfärbung von Gestein ist eine Folge weitgehender chemischer Zersetzung,

4

die durch Wärme gefördert wird, Bruchschutt entsteht durch Frostsprengung, und Salzlager bilden sich, wenn Meere verdunsten. Solche Untersuchungen gehen über den Aufgabenbereich des Stratigraphen hinaus, aber sie liefern dem Geochronologen wichtige Hinweise zum Gewinn einer zeitlichen Einordnung.

Absetzungs- und Abtragungsgeschwindigkeit

Viele Schichtenprofile erscheinen als Streifenmuster. Sicher ist jeder Streifen als Zeitmarke anzusehen, doch läßt sich leider nur selten feststellen, welchen Zeitspannen ihre Abstände entsprechen. Es können Jahre sein wie bei Baumringfolgen (s. S. 39 ff.). Es können Jahrtausende während Kälteperioden sein, wie bei manchen Schotterlagen, oder auch nicht näher bestimmte Zeiträume von Jahrmillionen wie bei den Schichten der Sedimentgesteine (s. Abb. 2).

Eine der wichtigsten Aufgaben der Geochronologie ist es, den unbekannten Zeitmaßstab der Schichten in Jahreszahlen umzurechnen. Oft gelingt die Umrechnung nicht gleich, und man muß sich zunächst mit nicht näher festgelegten Aushilfsmaßstäben begnügen. Ein Beispiel eines solchen provisorischen Maßstabes ist der Temperaturgang. Im Eiszeitalter etwa gab es Abschnitte besonderer Kälte und mehr oder weniger warme Zwischenzeiten. Manche Methoden führen nicht direkt zu Zeitangaben, sondern erst zu Temperaturwerten — die Untersuchung könnte beispielsweise die Zuordnung des ins Auge gefaßten Ereignisses in eine besonders warme Periode veranlassen. Stellt sich nun später heraus, um wie viele Jahre diese Warmzeit zurückliegt, so läßt sich jeder Punkt auf der Temperaturkurve in eine absolute Jahresangabe umwerten. Solche Möglichkeiten einer indirekten Datierung sind der Grund dafür, daß viele der besprochenen Methoden zunächst gar nicht auf das Alter, sondern auf die Temperatur oder auf andere Größen gerichtet sind. Auf diese Weise ergibt sich eine innige Beziehung zwischen Geochronologie und Paläoklimatologie — jener Wissenschaft, die sich mit dem Klimagang im Laufe der erdgeschichtlichen Entwicklung und seinen Ursachen beschäftigt.

Es hat nicht an Versuchen gefehlt, Alterswerte aus Sedimentationsgeschwindigkeiten zu gewinnen. Der übliche Weg dazu ist,

die Zuwachsraten eines noch heute verlaufenden Ablagerungs-
vorgangs zu messen und unter der Annahme, daß er sich in früheren Zeiten ebenso rasch vollzogen hat, die Gesamtdauer der
Schichtenbildung aus der Dicke zu bestimmen. Auf diese Art hat

Abb. 2. Kalkschichtenfolge aus dem mittleren Trias (Photo: R. Gradziński)

beispielsweise der Altmeister der Alpengeologie, Albert Heim,
aus Schlammabsätzen an einer Hügelkette beim Vierwaldstätter
See für die Zeit, die seit der letzten Eiszeit verflossen ist, 16 000
Jahre errechnet.

Der Eiszeitgeologe Albrecht Penck beschäftigte sich in ähnlicher Weise mit Ablagerungsschichten, die die Voralpenflüsse
während des Eiszeitalters gebildet hatten. Unter der Voraussetzung, daß sich in gleichen Zeiten gleich dicke Schichten absetzen,

6

kam er zu Jahreswerten für die Anfänge der vier Vereisungsphasen: 600 000, 500 000, 250 000, 100 000 Jahre vor unserer Zeitrechnung.

Der Professor für Geologie an der Universität Tübingen GEORG WAGNER ermittelte die Zeit, die für die Bildung der Muschelkalkschichten in Deutschland nötig war. Dabei stützte er sich auf die „Muschelriffe", riffartige Gebilde, die aus den Schalen

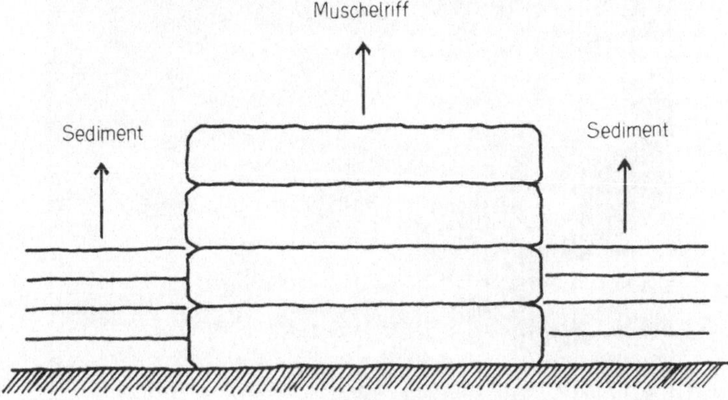

Abb. 3. Das ‚Muschelriff' wächst doppelt so rasch wie die Sedimentschichten (schematisch)

einer Muschelart aufgebaut wurden, wie man sie etwa in Langensteinach bei Uffenheim findet. Eine Muschelgeneration lebt rund fünf Jahre, und jede bildet eine Schicht von ungefähr einem halben Millimeter. Somit sind für den Zentimeter 20 Generationen oder 100 Jahre nötig. Berücksichtigt man, daß das „Riff" doppelt so schnell emporwächst wie die umliegenden Schichten (Abb. 3), dann lassen sich aus der Mächtigkeit der Muschelkalklage die Wachstumszeit und damit die Dauer der dazugehörigen Periode ausrechnen. Professor WAGNER kam zu einer Bildungsdauer von sechs Millionen Jahren.

Auch Abtragungserscheinungen können für Zeiteinschätzungen herangezogen werden. Ein instruktives Beispiel stammt aus der Karstforschung. Der Schweizer Geologe und Karstmorphologe A. BÖGLI wies auf die Karrentische hin, die auf Karsthochflächen vorkommen. Es handelt sich um einzelne Steinklötze, sogenannte Erratiker, die vom schwindenden Eis der letzten Vergletscherung zurückgelassen wurden. Eigenartigerweise liegen sie aber nicht in der Höhe der sie umgebenden Fläche, sondern auf sockelartigen Erhöhungen, die sich ziemlich genau der Form der Blöcke anpassen (Abb. 4). Die Erklärung dafür ist einfach: Zur Zeit der

Abb. 4. Karrentische, Märenberge, 2250 m über dem Meeresspiegel (Photo: A. Bögli)

letzten Vereisung lag die ganze Fläche so hoch wie heute die Sockeldecke, die somit ein Stück der alten Oberfläche darstellt. Während die Umgebung durch Korrosion aufgelöst und tieferversetzt wurde, blieb die vom Felsblock bedeckte Fläche geschützt und unverändert.

Wenn man annimmt, daß diese Auflösung annähernd gleichmäßig vor sich gegangen ist, dann kann man die Sockelhöhe als Zeitmaß seit der letzten Vereisung verwenden (Abb. 5). Die Menge des von allen Bächen aus der Gegend herausbeförderten Kalks gibt einen Anhaltspunkt für die oberflächlich aufgelösten Mengen;

8

denn das, was unten im Tal in gelöstem Zustand abfließt, muß zuerst im Einzugsgebiet aufgenommen worden sein. Die Rechnung für die Märenberge führt auf ungefähr 1,5 cm in 1000 Jahren. Da die Karrentische dort durchschnittlich 15 cm hoch sind, folgt für ihre Bildungszeit ein Wert von rund 10000 Jahren. Diese Zahl

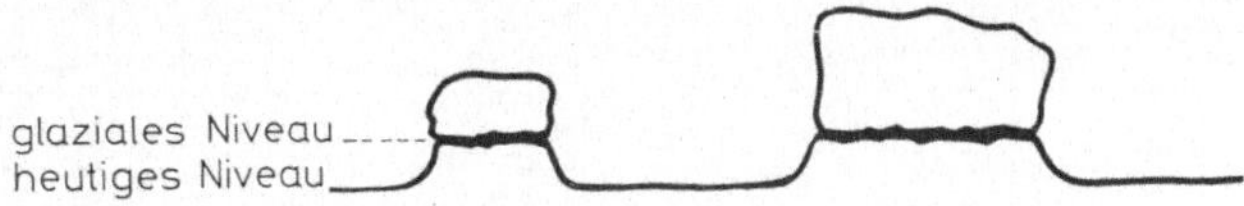

Abb. 5. Karrentische sind eiszeitliche Irrblöcke, die ihre Auflagefläche vor der Auflösung geschützt haben

paßt gut zu den Vorstellungen, die man sich über die letzte Eisbedeckung jener Höhengegend macht — sie dürfte vor 10000 Jahren zu Ende gewesen sein.

Die Gleichförmigkeit von Absetzung oder Abtragung ist Voraussetzung für die Genauigkeit aller erwähnten Methoden — doch es steht fest, daß sie höchstens genähert zutreffen kann. Die Resultate sind also mit einiger Unsicherheit behaftet. Als vorläufige informative Daten können sie aber trotzdem wertvoll sein.

I. Zwischen Geschichte und Vorgeschichte

Die Geschichte im herkömmlichen Sinn beschäftigt sich mit jenem Zeitraum kultureller Äußerungen, aus dem schriftliche Überlieferungen erhalten sind. Was davor liegt, ist Thema der Vorgeschichte.

Zwischen Geschichte und Vorgeschichte bestehen keine festen Grenzen. Je weiter wir in die Vergangenheit stoßen, um so spärlicher sind die schriftlich hinterlassenen, über das Zeitgeschehen informierenden Nachrichten. In die Tatsachen mischt sich der Mythos, dessen geschichtlicher Kern sich oft nur schwer herauslösen läßt. Sagen der Römer deuten auf die Kultur der Etrusker hin, aber erst im 17. Jahrhundert stieß man auf deren Spuren, und die Sagen der Griechen, die von Kreta und Mykenä erzählen, wurden erst in der Mitte des vorigen Jahrhunderts durch Ausgrabungen bestätigt.

Aber selbst dort, wo Schriften erhalten sind, geben sie nicht immer die erhofften Auskünfte. Oft sind nur noch Fragmente vorhanden, und man muß die fehlenden Textstellen zu ergänzen versuchen. Manchmal ist es nötig, die Schriften mit allen Mitteln der

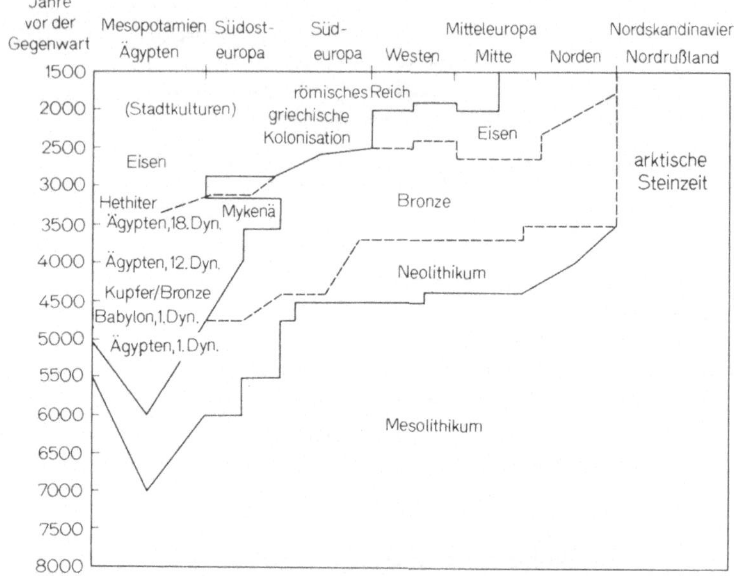

Abb. 6. Mesolithikum und jüngere Kulturstufen in Europa, Kleinasien und Ägypten (nach CLARK)

Dechiffriertechnik zu entschlüsseln. Trotzdem bleibt vieles unbestimmt oder mehrdeutig. Die aus den Anfangsgründen der Schrift erhaltenen Gedenktafeln oder Grabinschriften schenken manchmal wertvolle Informationen, gelegentlich auch Hinweise auf das Alter der Kulturstufe, aus der sie stammen.

Die Grenzen zwischen der Geschichte und der Vorgeschichte lassen sich aber auch schwer festlegen, weil sie für jeden Kulturkreis verschieden sind (Abb. 6). Während etwa in Mesopotamien und Ägypten schon Schriften entwickelt waren — vor 4000 bis 5000 Jahren—, standen die Bewohner Mitteleuropas noch im Stadium der schweifenden Jäger, Fischer und zuletzt der einfachen Ackerbauern. Erst um Christi Geburt begann in unserem

Raum die frühgeschichtliche Zeit. Die ersten geschriebenen Dokumente, die über das Leben unserer Vorfahren berichten, sind die Aufzeichnungen von Cäsar und Tacitus.

Nur ein kleiner Teil der Erdgeschichte deckt sich mit dem Arbeitsbereich der Vorgeschichte. Trotzdem sind die Überschnei-

Abb. 7. Einige typische Gefäßformen der Bandkeramikkultur (nach PITTIONI)

dungen auch aus dem Blickwinkel der Geochronologie interessant und verdienen, kurz behandelt zu werden.

Gerade die Gleichzeitigkeit von Geschichte und Vorgeschichte verschiedener Kulturkreise gibt Gelegenheit für eine Methode archäologischer Datierung, der Datierung mit Hilfe von Importen. Durch Handel, Raubzüge und Kriege geriet beispielsweise römisches Kulturgut in den Lebensraum der Germanen und taucht heute da und dort in den Ablagerungsschichten gemeinsam mit bodenständigen Stücken auf. Die Zeit, aus der die eingeführten Gegenstände stammen, ist meist leicht herauszufinden — sie brauchen nur mit dem Formenschatz verglichen zu werden, der aus der Entwicklungsgeschichte Roms bekannt ist.

Eine besondere Rolle als Vergleichsbasis spielt Ägypten, dessen Kulturgeschichte nach Regierungszeiten von Herrschergeschlechtern, den sogenannten Dynastien, geordnet ist. Die erste legt man heute in den Zeitraum ab 2900 vor Christi Geburt. Ägyptische Handelsware verbreitete sich über das damalige Kreta und Griechenland und über den Balkan bis ins Innere Europas. Besonders jene Kulturwelle, die den typischen Verzierungen ihrer Tongefäße den Namen Bandkeramikkultur verdankt (Abb. 7), konnte durch Funde einzelner Importstücke chronologisch erfaßt werden. So ist es möglich geworden, ihre einzelnen Strömungen, die durch die Bearbeitungsweise und die Musterung ihrer Gefäße zu erkennen sind, in die absolute Zeitskala einzuordnen.

1. Der Magnetismus der Tonscherben

Die Tonscherben, aus denen der Prähistoriker die Kulturkreise abliest und dadurch eine relative Zeiteinstufung vornimmt, sind noch einer weiteren Auswertung zugänglich. Sie beruht darauf, daß die Tonerde geringfügige Einschlüsse von Eisen enthält, und zwar in Form von winzigen Kristallkörnern aus sauerstoffhaltigen Eisenverbindungen. Gewöhnlich liegen sie starr in ihrer Umgebung eingebettet, erhitzt man sie aber auf etwa 800° C, dann werden die Impulse ihrer Wärmebewegungen so groß, daß sie ihren Platz zwar noch nicht verlassen, sich aber in alle Richtungen drehen können.

Beim Abkühlen der prähistorischen Keramikgegenstände „froren" sie wieder ein, wobei sich die Orientierung nach der Richtung des äußeren, des erdmagnetischen Feldes konservierte. In dieser Stellung blieben sie dann bis zum heutigen Tag. Nähert man einem Tongefäß ein genügend empfindliches magnetisches Meßinstrument, dann läßt sich die Richtung und sogar die Intensität der zugrundeliegenden erdmagnetischen Kräfte feststellen.

Die kurzfristigen, „säkularen" Veränderungen des erdmagnetischen Feldes geben Gelegenheit zur Datierung. Seine Bewegung erfolgt nicht gleichmäßig und auch nicht schnell — vielleicht über 10° im Jahrhundert, um ein ungefähres durchschnittliches Zeitmaß für die letzten Jahrhunderte zu geben. Sobald man aber die Bahn der Pole und ihre Abhängigkeit vom Erdalter an Hand von schon auf andere Art datierten Probestücken festgestellt hat, genügt es, die ursprüngliche Stellung der elementaren Magnete zu ermitteln — wie Uhrzeiger geben sie dann die Zeit an.

Eine Voraussetzung für diese Methode ist, daß die Stellung der Tongefäße im Moment des Erkaltens bekannt ist. Sie trifft zumindest zum Teil zu — man weiß, daß die Gefäße im Töpferofen

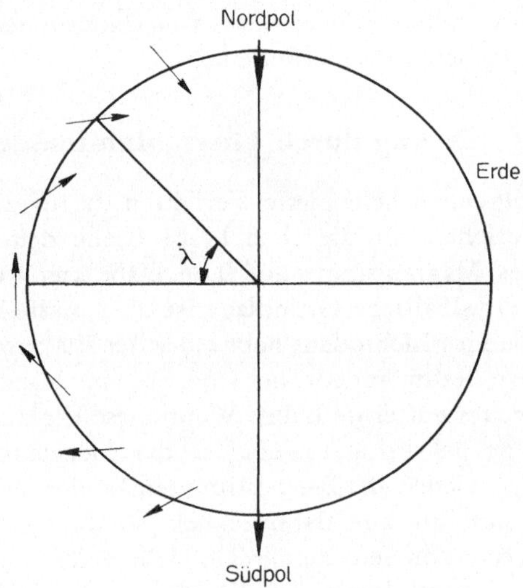

Abb. 8. Die Neigung einer Magnetnadel (Inklination) ist von der geographischen Breite abhängig

meist aufrecht stehen. Selbst wenn wir nichts über ihre horizontale Orientierung wissen, so macht das nichts aus, dann erhält man zwar nicht die Himmelsrichtung, die „Deklination" des Magneten, aber doch die Neigung, die „Inklination" (Abb. 8). Und diese genügt unter Umständen schon zur Zeitbestimmung.

Eine der ersten Anwendungen dieser Methode erfolgte in Japan. Eine Serie von Proben verschiedenen Alters innerhalb der letzten 6000 Jahre wurde auf ihren Magnetismus untersucht. Dabei stellte sich heraus, daß in der berücksichtigten Region während dieser Zeit die Inklination zwischen 40 und 60 Grad und die Deklination zwischen 20 Grad Ost und 30 Grad West geschwankt hat. Andererseits ließ sich mit Hilfe von Messungen an erstarrter Lava das erdmagnetische Feld bis 1700 Jahre zurück tabellarisch festlegen.

Dadurch ergab sich eine Basis, auf der die magnetischen Eigenschaften von Ton- und Ziegelscherben aus archäologischen Fundstätten verglichen und datiert werden konnten.

Der Erdmagnetismus tritt auf, seit die Erde erkaltet ist, und somit ist das eben beschriebene Prinzip der Altersbestimmung umfassend anwendbar. Wir werden es als Datierungsmittel älterer und ältester Epochen wiederfinden.

2. Datierung durch Thermolumineszenz

Das im folgenden behandelte Verfahren ist auf dieselben Gegenstände gerichtet wie die eben besprochene Zeiteinschätzung mit Hilfe des Magnetismus: auf Tongefäße aus frühgeschichtlicher Zeit. Physikalische Grundlage ist die Lumineszenz.

Ein einfallendes Lichtquant hebt eines der Elektronen, die um den Atomkern herum angeordnet sind, auf eine höhere, das heißt vom Kern weiter entfernte Bahn. Wenn diese Elektronen auf ihr altes Niveau zurückspringen, geben sie die Energie in Form eines Lichtimpulses wieder ab. Bei bestimmten Stoffen fallen sie aber nicht gleich auf ihre alte Bahn zurück, sondern geraten in ein Zwischenniveau, von dem aus sie sich nicht weiter hinunter bewegen können; sie sind dort wie in einer Falle gefangen. Um ihr zu entkommen, ist Energie notwendig. Reicht die verfügbare Wärmeenergie nicht dazu aus, dann bleiben sie im Zwischenniveau gefangen. Erst wenn man die Temperatur genügend erhöht, kommt es zum endgültigen Absprung. Dabei geben sie Licht ab — das Material „leuchtet aus" oder luminesziert. Diese Erscheinung ist als Thermolumineszenz bekannt (Abb. 9).

Bei der Altersbestimmung frühgeschichtlicher Tonscherben machen sich die Chronologen zunutze, daß Ton wie alle Stoffe Spuren radioaktiver Elemente enthält. Deren Strahlen heben die Elektronen auf die beschriebene Weise empor, wonach sie in die Zwischenniveaus geraten, denen sie bei normaler Temperatur nicht entkommen. Je länger die Strahlung einwirkt, um so mehr Elektronen sammeln sich in den Zwischenniveaus. Erst wenn man die Funde genügend erhitzt, springen die Elektronen in ihre nor-

malen Bahnen. Die Helligkeit der Leuchterscheinung ist dabei ein
Maß für die Zeit, die seit dem letzten Gebrauch des Gefäßes auf
starkem Feuer verstrichen ist.

Auf der Universität von Manhattan, Kansas, wurde das Verfahren auch an seit vielen Jahrtausenden eingefrorenen antarktischen

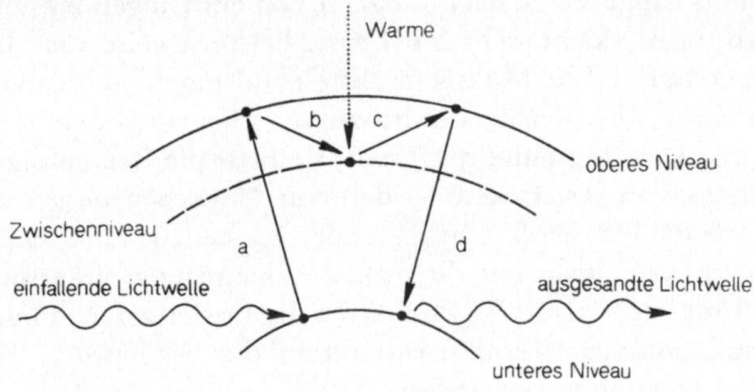

Abb. 9. Schema der Thermolumineszenz: a Eine Lichtwelle hebt ein Elektron
auf ein höheres Niveau, b das Elektron fällt auf ein Niveau, von dem es nicht
wieder absteigen kann, c Wärme hebt das Elektron wieder auf das obere
Niveau, d das Elektron fällt auf das untere Niveau, wobei es eine Lichtwelle
aussendet

Gesteinsproben verwendet, und zwar zur Lösung der Frage, seit
wann der Südpol unter Eis liegt. Wegen der nicht kontrollierbaren Rekristallisationsprozesse ist der Wert der Thermolumineszenzmethode noch unsicher.

3. Die Alterung des Obsidians

Obsidian ist eine aus kieselsäurereicher vulkanischer Lava
erstarrte glasige Masse, die in vielen prähistorischen Kulturen als
Zierstein und als Rohmaterial für Waffen, Jagd, Ackerbau und
Haushaltsgeräte verwendet wurde.

In letzter Zeit hat er für archäologische Datierung Bedeutung
gewonnen. Er unterliegt nämlich einer Alterung durch Aufnahme
von Wasser aus dem Boden oder aus der Luft, das von außen
hineindiffundiert. Nicht hydratisierter Obsidian — frischer Obsidian oder solcher aus dem Inneren größerer Stücke — enthält

o,3 Gewichtsprozente Wasser, hydratisierter etwa das Zehnfache. Die Front der eindringenden Wasserschicht ist unter dem Mikroskop gut zu erkennen, weil sich bei der Wasseraufnahme der Brechungsindex ändert. Da die Einwanderungsgeschwindigkeit konstant ist, kann man die Eindringtiefe als Zeitmaß verwenden. Allerdings hängt die Geschwindigkeit von der Umgebungstemperatur ab; in Alaska braucht das Wasser beispielsweise 2000 Jahre, um einen Tausendstel Millimeter tief einzudringen, in Mexiko nur 600 Jahre für die gleiche Eindringtiefe. Aber auch eine relative Datierung kann aufschlußreich sein; sie klärt die Reihenfolge des Entstehens von Artefakten — der von Menschen hergestellten Gegenstände. Da sie ohne bedeutenden Kostenaufwand durchzuführen ist, kann man mit ihr große Probemengen untersuchen. Eines ihrer wichtigsten Ergebnisse ist die Datierung von Funden der mexikanischen Teotihuaca-Kultur, die Alterswerte liegen zwischen 6000 und 7000 Jahren.

II. Eiszeitalter und ausklingende Eiszeit

Der für die heutige geographische Situation bestimmende Abschnitt der Erdgeschichte ist das Pleistozän, auch als Eiszeitalter bekannt; über lange Zeiten hinweg herrschte damals kälteres Klima als heute. Große Teile Europas, Asiens und Nordamerikas waren von Eis bedeckt (Abb. 10). Dazwischen traten auch wärmere Phasen, sogar solche, in denen das Klima der nördlichen Erdhalbkugel bis weit nach Norden wesentlich wärmer war als heute.

Der Wechsel von Kalt- und Warmzeiten brachte tiefgreifende Veränderungen mit sich. Die Auswirkungen betreffen einerseits die Landschaftsgestaltung. Einige von ihnen haben sich als Grundlage geochronologischer Methoden erwiesen. Das gilt besonders für die Ablagerungen. Das aus dem Norden und von den Gebirgen herab vorstoßende Eis verschleppte gewaltige Schuttmassen und setzte sie als Lockergestein ab, es gestaltete die Täler neu, zwang Flüsse zur Änderung ihres Laufs und ließ nach dem Rückzug Hohlformen mit Seen und Mooren zurück. Andererseits wirkte sich der Klimawechsel auch auf die Besiedelung der betroffenen Gegenden aus. Daraus ergeben sich Konsequenzen, die für die chronologische Bearbeitung dieser Zeit wertvoll sind. Das rauhe

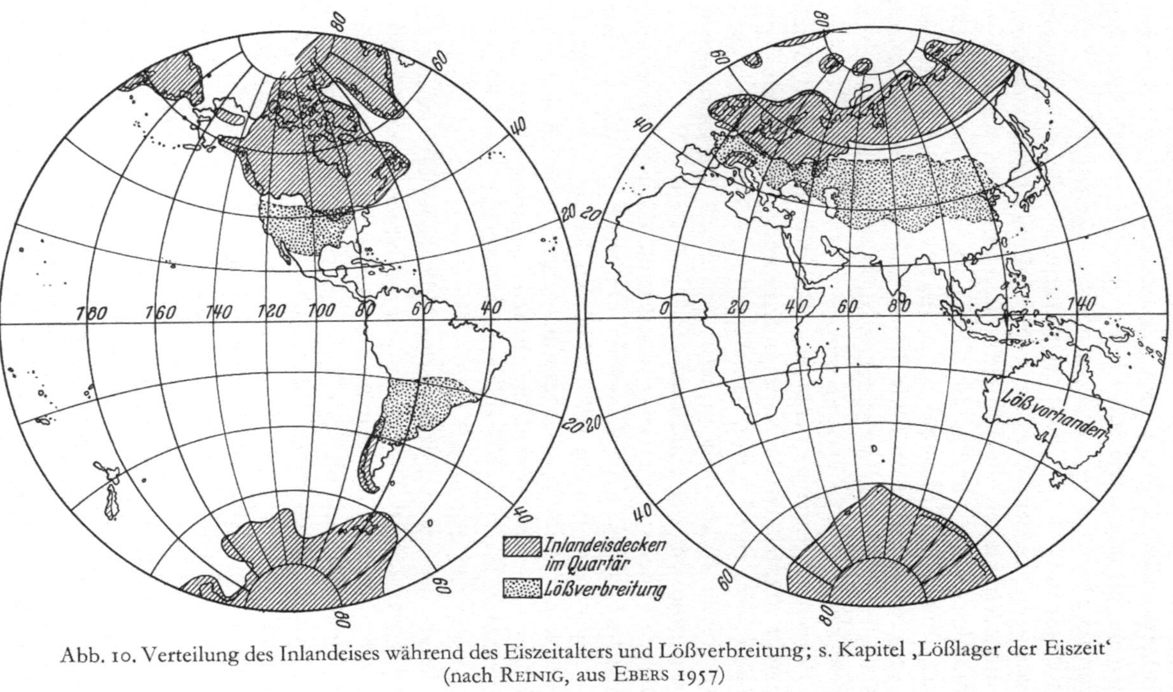

Abb. 10. Verteilung des Inlandeises während des Eiszeitalters und Lößverbreitung; s. Kapitel ‚Lößlager der Eiszeit' (nach REINIG, aus EBERS 1957)

Klima vernichtete einen großen Teil der Tiere und Pflanzen aus vorhergehenden milden Epochen. Daraufhin zogen arktische Formen ein, die in den wärmeren Intervallen wieder zurückgedrängt wurden. Das wichtigste Ereignis in diesem Zeitraum starker Veränderungen ist der Aufstieg des Menschen. Daher soll kurz charakterisiert werden, welche mit seiner Entwicklung zusammenhängenden Fragen die besondere Beachtung der Chronologen gefunden haben. Obzwar noch nicht alle Zwischenglieder entdeckt sind, so steht heute doch fest, daß es vom primitiven Menschenaffen der vorletzten Stufe des Tertiärs, des Miozäns, mehrere Millionen Jahre vor der Gegenwart, bis zum heute lebenden *Homo sapiens* einen Übergang gibt.

Für echte Menschen ist es bezeichnend, daß sie fähig sind, Geräte bewußt zu erzeugen. An manchen Fundstücken ist allerdings nur noch schwer zu erkennen, ob sie zufällig als Werkzeuge brauchbare Naturobjekte oder primitiv bearbeitete Gebrauchsgegenstände sind. Die ältesten, einwandfrei als Reste von Menschen erkannten Funde stammen aus Ostafrika; die absolute Chronologie datiert sie auf 1,3, 1,7 und 2,0 Millionen Jahre. Die ältesten Menschenspuren in Europa wurden in den letzten Jahren von L. VERTES in Verteszöllös, Ungarn, entdeckt. Es fanden sich große Mengen ein- und zweiseitig bearbeiteter Schaber, auch ein Schädelfragment kam zum Vorschein. Die Datierung wies auf 500 000 Jahre vor der Gegenwart.

Träger der ersten differenzierten Kultur, des Moustérien, das dem letzten Interglazial zugehört, ist der Neandertaler. Während der letzten Kältezeit scheint er ausgestorben zu sein, wahrscheinlich allmählich verdrängt durch einen anderen Menschentyp, der nach seinem ersten Fundort in der Dordogne ‚Mensch von Crô Magnon‘ genannt wird. Er ist der erste Vertreter des *Homo sapiens*, der heutigen Form des Menschen.

Die aufschlußreichsten menschlichen Knochenreste stammen vom Schädel, dessen kennzeichnende Eigenschaften, etwa die Vorwölbung der Kieferpartie oder die Ausladung des Hinterkopfes, vom Anthropologen mit Hilfe des Meßzirkels quantitativ erfaßbar sind. So ist der Vergleich einzelner Schädelfunde auf eine exakte Grundlage gestellt. Ein Beispiel dafür ist das Gehirnvolumen. Für die Präsapiensgruppe ergibt sich ein Gehirnvolumen von 1325 Kubikzentimetern, für den Neandertaler ein solches von 1500 Kubikzentimetern (Abb. 11).

Der prähistorische Mensch ist aber nicht losgelöst von seiner Umwelt zu verstehen. Er ist von der Tier- und Pflanzenwelt abhängig, und alles Leben steht unter dem Einfluß des Klimas. So

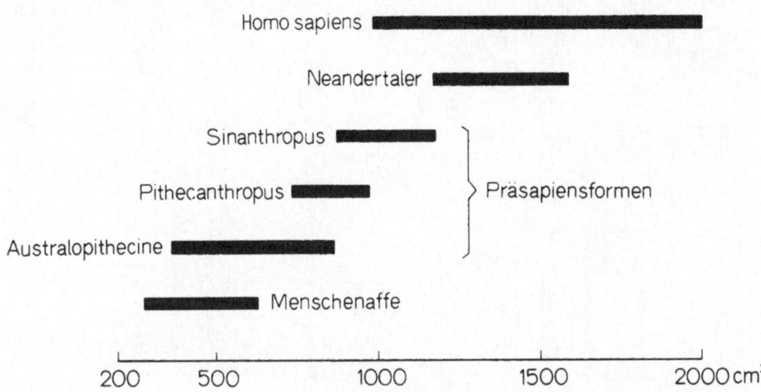

Abb. 11. Das Hirnvolumen im Laufe der menschlichen Stammesgeschichte (nach Heberer u. a.)

verschieden die Wissenschaften auch sind, die sich der einzelnen Problemkreise annehmen, so ist ihre Arbeit nur erfolgreich, wenn sie diese Zusammenhänge berücksichtigen. Eines der verbindenden Elemente ist die Chronologie, die eine beachtliche Vielfalt von Methoden entwickelt hat, um eine Gliederung des Eiszeitalters zu erarbeiten.

1. Die Kulturkreise der Steinzeit

Die Entwicklung des Menschen im Eiszeitalter drückt sich in den Fortschritten der Werkzeugtechnik aus. Sicher diente ihm auch Holz als Material, aber nur harter Stein, vor allem der auch als Flint oder Silex bezeichnete Feuerstein, ergab Geräte, die sich unverändert bis zum heutigen Tag erhalten haben. Nach den Leitwerkzeugen wird dieser Abschnitt der kulturellen Entwicklung als Steinzeit charakterisiert.

Das klassische Gebiet der Steinzeitforschung ist der frankokantabrische Kulturkreis, der das Gebiet der Dordogne, das Einzugsgebiet der Vézère, das französische Vorland der Pyrenäen und das nordspanische Kantabrien umfaßt. Dort erfolgte die erste systematische Auswertung der Funde. Es gelang, die Steinwerkzeuge nach ihrem Typ zu unterscheiden (Abb. 12). Da die primitiveren meist in tieferen Schichten und die vollkommeneren in

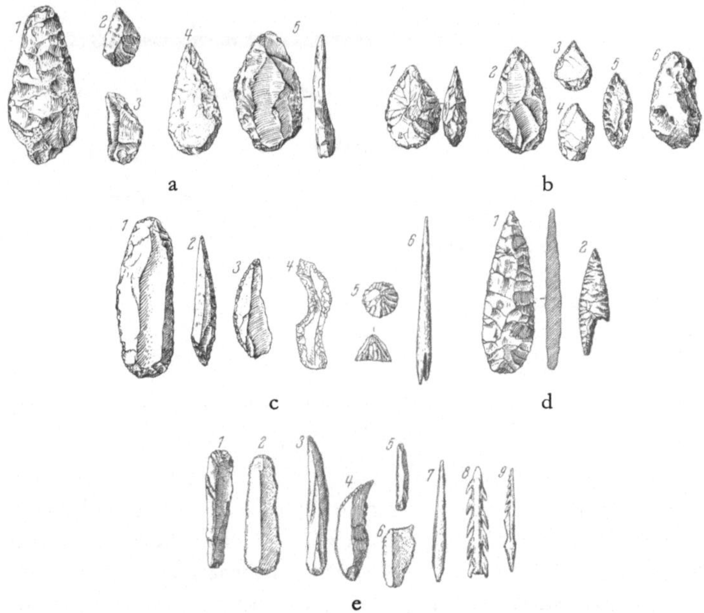

Abb. 12 a—e. Entwicklung der Werkzeuge des Eiszeitmenschen. a Chelléen-Acheuléen. 1 dicker Faustkeil, 2 dicke Spitze, 3 Säge, 4/5 flacher Faustkeil. b Moustérien. 1 Faustkeil, 2 Handspitze, 3/4 Spitzen, 5 Doppelspitze, 6 Schaber. c Aurignacien. 1 Klingenkratzer, 2 Messer, 3 Spitze, 4 ausgekerbte Klinge, 5 Hochkratzer, 6 Knochenspitze. d Solutréen. 1 Lorbeerblattspitze, 2 Kerbspitze. e Magdalénien. 1/2 Klingenkratzer, 3 Klinge, 4 Stichel, 5 Klinge, 6 Bohrer, 7 Beinpfriem, 8/9 Harpune (nach PARET, aus Ebers 1957)

höheren Schichten auftreten, ordnete man sie Kulturstufen zu, die gewöhnlich nach den Fundorten benannt werden (Abb. 13).

Als im Laufe der Zeit eine feinere Differenzierung der Werkzeugtypen gelang, zeigte sich, daß die einfache Stufenleiter der Kulturen nicht beibehalten werden konnte. Oft waren an verschiedenen Orten gleichzeitig Werkzeuge verschiedenen Typs entstanden, manchmal fand sich sogar in den gleichen Schichten gröber und feiner bearbeitetes Steingerät. Daraus war zu schließen, daß Angehörige verschiedener Entwicklungsstufen und Kulturen zumindest zeitweise nebeneinander gelebt hatten. Man

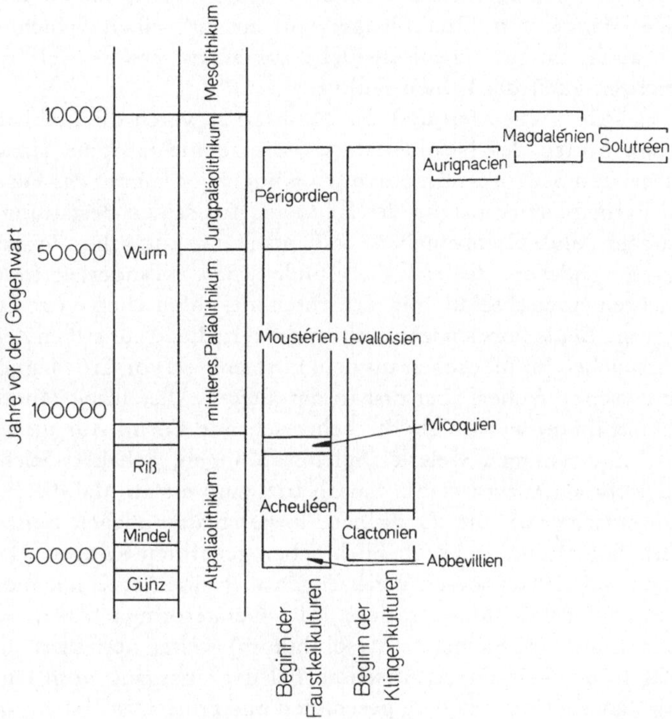

Abb. 13. Die Kulturen des Eiszeitalters in Westeuropa; Alt- und Mittelpaläolithikum (nach HOFSTÄTTER und PI XA), Jungpaläolithikum, auf Grund von Radiokohlenstoffdatierungen (nach UCKO und ROSENFELD)

spricht daher heute nicht mehr von Kulturstufen, sondern von Kulturkreisen.

Recht dürftig sind unsere Kenntnisse von der mittleren und der älteren Altsteinzeit. Als Kulturen des Vorneandertalers sind die Kreise des Abbévillien (früher Chelléen genannt) und Acheuléen einerseits und das Clactonien andererseits zu nennen, die im Günz-Mindel-Interglazial auftraten. Die westeuropäischen Kulturen des Abbévillien und Acheuléen sind durch beidseitig bearbeitete

Faustkeile charakterisiert, während die Angehörigen des Clactonien — nach dem Fundort Clacton on Sea im südöstlichen England — offenbar keine Faustkeile kannten. Erst durch einen weiteren Fund, in Swanscombe nahe beim heutigen London, der eine
große Menge von Clactoniengeräten, aus denselben Schichten
aber auch einige Acheuléenstücke erbrachte, erwies sich die
Gleichzeitigkeit der beiden Kulturkreise.

Das späte Acheuléen und das Moustérien waren die prähistorischen Stufen des Neandertalers. Er erzeugte einfache Hand-
spitzen und Schaber, mitunter auch Klingen, er kannte das Feuer
und Farben zur Bemalung des Körpers. Aus seinen Bestattungs-
bräuchen und Grabbeigaben darf man auf kultische Vorstellungen schließen. Gelegentlich findet man Neandertalerfund-
schichten abwechselnd mit Schichten des Menschen von Crô
Magnon. Beide Formen lebten also vorübergehend zur selben Zeit.

Anzeichen für Menschen aus dem Formenkreis von Crô Magnon
gab es schon früher, aber erst in der älteren Altsteinzeit (älteres
Paläolithikum) werden sie die beherrschende Form. Aus diesem
Abschnitt stammen vielerlei Spitzen, Klingen, Schaber, Stichel
und Bohrer (Aurignacien), danach tritt zum ersten Mal die Flä-
chenretusche auf, die zu flachen, lorbeerblattähnlichen Spitzen
führt (Solutréen), und schließlich neben gekerbten Klingen, Har-
punen und vielen anderen Werkzeugen auch eine Art Kommando-
oder Zauberstab (Magdalénien). Alle Geräteformen haben sich
in der mittleren Steinzeit (Mesolithikum) weiter verfeinert und
differenziert — in diesen Abschnitt fiel der Übergang vom Jäger
zum Bauern. Das Steinbeil, geschliffen und poliert, ist erst aus der
Jungsteinzeit (Neolithikum) hinterlassen.

Die Lösung vom Werkstoff Stein erfolgte, als es gelang, Me-
talle aus Eisen zu erschmelzen. Kupfer, Bronze und Eisen
brachten einen progressiven Aufschwung der Technik und er-
laubten es dem Menschen, seine gestalterischen Fähigkeiten voll
auszunützen.

2. Tierwelt und Klima

Die Überreste von Tieren haben überragenden Wert für die
relative Chronologie. In Wüsten, Flußablagerungen und Höhlen
stößt man oft auf Knochen, Zähne, Klauen, Hörner und Geweihe,

die anderswo vom Wurzelwerk der Pflanzen und von organogenen Säuren zerstört werden (Abb. 14 u. 15). In den Ablagerungen der Meere und Süßwasserseen findet man Schalen und Skelette aus Kalk und Silikaten, an denen zu Ende des 18. Jahrhunderts die bahnbrechenden stratigraphischen Arbeiten ansetzten.

Eine Möglichkeit der Biostratigraphie besteht darin, den stetigen Wechsel der Arten im Laufe der Evolution auszunützen.

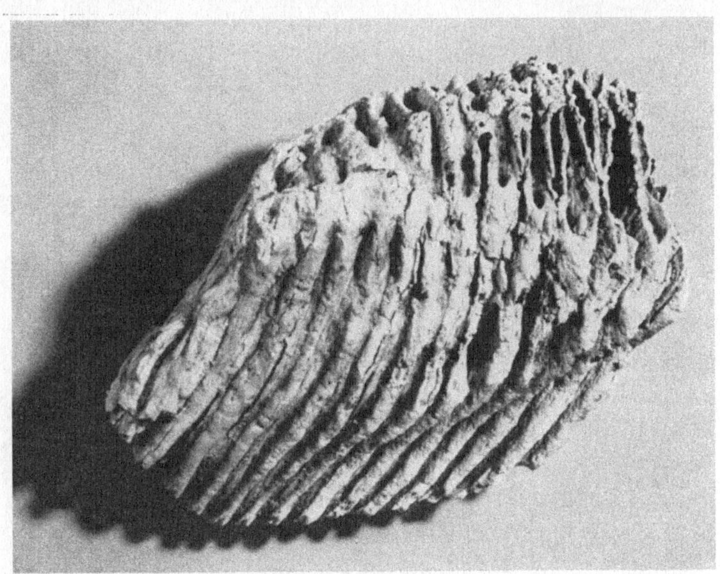

Abb. 14. Backenzahn eines Mammuts aus der Eiszeit (aus dem Naturwissenschaftlichen Museum, Coburg, Photo: D. Hildebrand)

Diese Art der Zeitbestimmung ist vor allem für lange Zeiträume — Zeiträume von Millionen Jahren — wichtig geworden (s. Kapitel „Fossilien des Meeres", S. 91 ff).

Im Rahmen des Eiszeitalters interessieren uns andere Veränderungen der Tierwelt, solche, die sich schneller vollziehen und deshalb zur Unterscheidung auch verhältnismäßig kleiner Ausschnitte, etwa der Größenordnung von Jahrtausenden, dienen können: der Wechsel der Arten als Folge klimatischer Schwankungen. Er erfolgt dadurch, daß sich wärmeliebende Tiere bei langfristigen Abkühlungen in wärmere Gebiete zurückziehen und

Abb. 15. Höhlenbärenschädel aus der Bärenhöhle bei Erpfingen/Württ. (Photo: K. COLLIGNON)

daß gleichzeitig an kälteres Klima angepaßte Arten einwandern. Im Gegensatz zur Evolution ist diese Erscheinung umkehrbar — wenn es wieder wärmer wird, kann sich die alte „Tiergesellschaft" wieder einfinden.

Natürlich sind nicht alle Tiere gleich gut als Klimaanzeiger brauchbar. Manche sind Klimaschwankungen gegenüber wenig empfindlich, so daß sich aus ihrem Vorkommen kein eindeutiger Schluß ziehen läßt. Bei einem Einzelfund muß man auch in Erwägung ziehen, daß es sich um einen Sonderfall, beispielsweise ein als Jagdbeute eingeschlepptes Exemplar, handeln kann. Als schlüssige Beweise wird man daher lieber Funde von mehreren Tieren oder noch besser Funde der ganzen Tiergesellschaft nehmen, die für ein bestimmtes Klima kennzeichnend ist.

Zur typischen Tierwelt des Eiszeitalters ist der heute ausgestorbene Höhlenbär zu zählen, später kam auch noch der Braune Bär hinzu; weiter sind der Höhlenlöwe und die Höhlenhyäne zu nennen. Ein Bewohner der Kältesteppen war auch das Wollhaarige Nashorn, während das Etruskische und das Merckische Nashorn lichtere Waldgebiete bevorzugten. Ren und Moschusochse gehören zu den kälteliebenden Tieren, auch Wisent, Ur, Edelhirsch und Ren ertrugen die Kälte gut. Vom Südelefanten des Jungtertiärs stammen zwei Gruppen ab — die des Waldelefanten, der dem Interglazial angehört, sowie die des Steppenelefanten. Deren Endglied ist das nach der Eiszeit ausgestorbene Mammut, ein behaarter Elefant, dessen Bilder sich in Höhlenzeichnungen erhalten haben (Abb. 16).

Unter den Nagetieren ist als Bewohner ausgesprochener Kältezonen der Lemming zu nennen. Pfeifhase, Murmeltier und Ziesel lebten in den Steppen vor dem Eisrand.

Die Wanderungen der Tierarten während des Eiszeitalters sind überzeugende Beweise für die damals aufgetretenen starken Schwankungen des Klimas. Die an wärmeres Klima gebundene spättertiäre Fauna wurde durch das Eis gegen Süden gedrängt oder starb aus. Nordische Formen rückten nach und trafen sich mit den gegen Norden wandernden alpinen Formen in den Kältesteppen zwischen den Vereisungsgebieten. Während der letzten Vereisung näherten sich arktische Formen, wie Polarfuchs und Lemming, dem Mittelmeer und den Pyrenäen. Während der aus-

klingenden Eiszeit stießen Steppentiere, wie Hamster und Saiga-
antilope, nach Westen vor und erreichten im Raum des heutigen
Frankreich den Atlantischen Ozean.

Um ein Beispiel einer chronologischen Auswertung anzuführen,
kommen wir wieder auf die schon erwähnte Fundstätte von

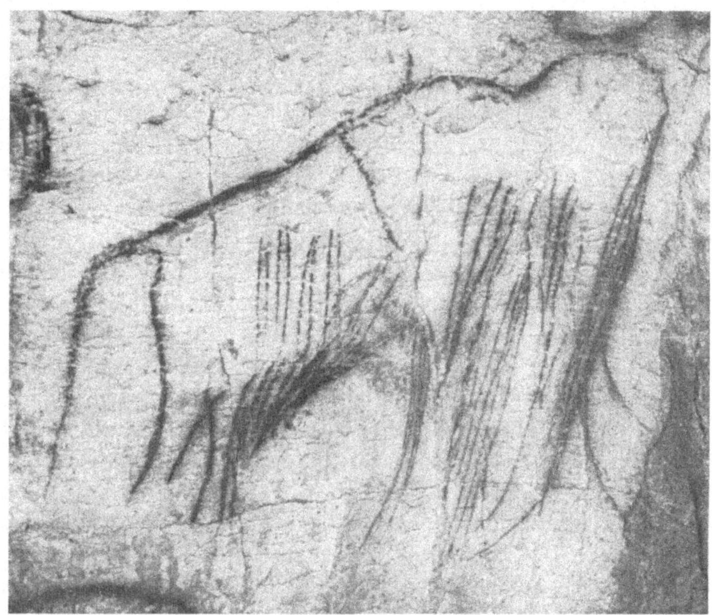

Abb. 16. Steinzeitliche Zeichnung eines Mammuts in der Höhle von Pech-
Merle (Photo: H. W. Franke)

Clacton on Sea an der englischen Südostküste zurück. Neben
Steinwerkzeugen fanden sich dort vor allem Reste von Altelefant,
Warmzeit-Nashorn, Flußpferd, Ur, Wildpferd, Dam-, Edel- und
Riesenhirsch. Ein Vergleich mit den Listen der charakteristischen
Formen zeigt, daß man diese Tierwelt in das zweite, das Mindel-
Riß-Interglazial einordnen muß. In diese Zeit fällt somit die Blüte-
zeit des Clactonien. Auf diese Art ist auch das Alter des Swans-
combe-Menschen festgestellt; er ist, wie aus den Steinwerkzeugen
hervorgeht, die man an seinem Fundort mit ausgegraben hat,
der Urheber dieses Kulturkreises.

26

3. Die Faunenliste

Die Überbleibsel von großen Tieren, beispielsweise die Röhrenknochen des Höhlenbären oder die Stoßzähne des Mammuts, sind auffälliger als die Skelettreste kleiner Lebewesen, aus mehreren Gründen aber erweisen sich Kleintiere als nützlicher für die Chronologie, vor allem, weil ihre Überreste meist in großen Mengen in den Schichten vorkommen. Aus einem senkrechten Schnitt durch die im Laufe der Zeit angehäuften Ablagerungen läßt sich an Hand der Kleintierknochen oft ein Ablauf der Klimaschwankungen des dazugehörigen Zeitabschnitts ableiten.

Diese Methode ist sogar zahlenmäßig faßbar. Man teilt den Querschnitt durch die Schichten, das Schichtenprofil, in Abschnitte und versucht, die Zahl der Exemplare, die darin enthalten sind, nach Arten gesondert zu zählen. Besonders gut für solche Untersuchungen geeignet sind kleine Nagetiere, die sehr genau auf eine bestimmte pflanzliche Umgebung eingestellt sind. So ist etwa die Feld-Erdmaus an die Steppe, der Rattenkopf an den Sumpf und die Sibirische Zwiebelmaus an die Tundra gebunden. In einem Diagramm zeichnet man den Prozentgehalt dieser und anderer Tiere in Abhängigkeit von der Schichttiefe ein und erhält so einen Überblick über die pflanzliche Umgebung und damit über die klimatische Situation.

Gute Gelegenheit für Ausgrabungen bieten den Paläontologen die Ablagerungen in Höhlenportalen. Löcher in den Felswänden und in den Decken sind beliebte Nistplätze von Eulen. Manche Horste blieben Jahrtausende hindurch bewohnt. Die Eulen schleppten ihre Beute aus der Umgebung heran und warfen ihre Gewölle, die herausgewürgten Klumpen von Nahrungsresten, aus dem Nest. So haben sie dafür gesorgt, daß die Bodenschichten reich an Knochenresten von Kleingetier sind. Professor Dr. FLORIAN HELLER von der Universität Erlangen bearbeitete einen beispielhaften Fall. In Bruckersberg in Giengen an der Brenz liegen nahe beieinander zwei Höhlen, die Bärenfelsgrotte und die Spitalhöhle. Ausgrabungen förderten große Mengen an Tierresten zutage, hauptsächlich von kleinen Säugetieren, aber auch von einigen Großtieren, Fischen, Amphibien, Reptilien und Vögeln; dazu kamen noch Schneckengehäuse.

Unter diesen Tieren gibt es kälte- und wärmeliebende Formen, und so gelang es auf die im vorigen Kapitel beschriebene Art, einen Überblick über den Klimawechsel während der Ablagerungszeit zu gewinnen. Zur Datierung halfen weiter einige Steinwerkzeuge des vorgeschichtlichen Menschen, vor allem aus dem Magdalénien. Professor HELLER nimmt an, daß die tiefsten fossil-

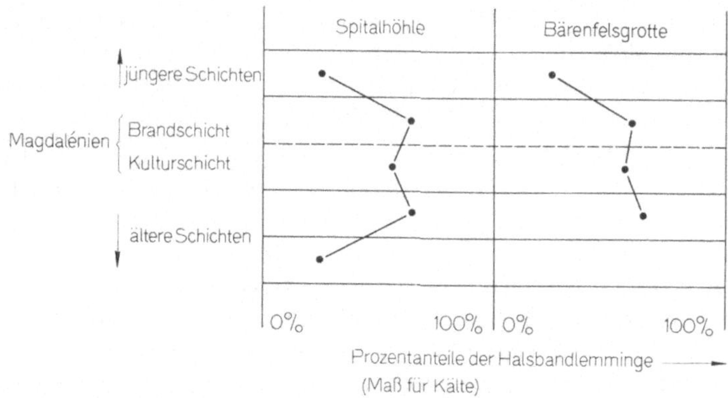

Abb. 17. Faunendiagramme für die Halsbandlemminge der einander entsprechenden Schichten der Spitalhöhle und der Bärenfelsgrotte (frei nach HELLER, vereinfacht)

haltigen Schichten aus der letzten großen Kältephase des Spätglazials, dem sogenannten Würm III, stammen. Der Reichtum an Kleinsäugerresten erlaubte eine quantitative Auswertung, die Erstellung einer Faunenliste, in der von Schicht zu Schicht die Prozentanteile der kennzeichnenden Arten eingetragen sind. Besonders signifikant für Kältephasen ist der hocharktische Halsbandlemming (Abb. 17).

Eine außergewöhnlich umfassende Schichtenfolge untersuchte Professor Dr. KAZIMIERZ KOWALSKI von der Universität Krakau in der Nietoperzowa-Höhle bei Krakau. Von 20 äußerlich unterscheidbaren Schichten enthalten siebzehn Reste von Kleintieren, acht Schichten Spuren prähistorischer Besiedelung und fünf Schichten Holzkohlesplitter. Ein Faunenlistendiagramm (Abb. 18), die archäologische Bestimmung der Artefakten sowie ein Radiokohlenstoff-Bezugswert — 38 160 ± 1250 Jahre für die sechste Schicht — ergaben eine zeitlich gegliederte Klimageschichte:

1. Würm II — Steppenklima, Verschwinden der Wälder, Einbruch der Kaltphase
2. Würm I/II — relativ wärmer, aber kühler als heute, Nadelbäume
3. Würm I — kühles trockenes Klima, Verschwinden der Wälder, Tundravegetation
4. Riß-Würm — mildes Klima, Aufkommen von Wäldern
5. Riß — kühlfeuchtes Klima, abnehmende Tundravegetation

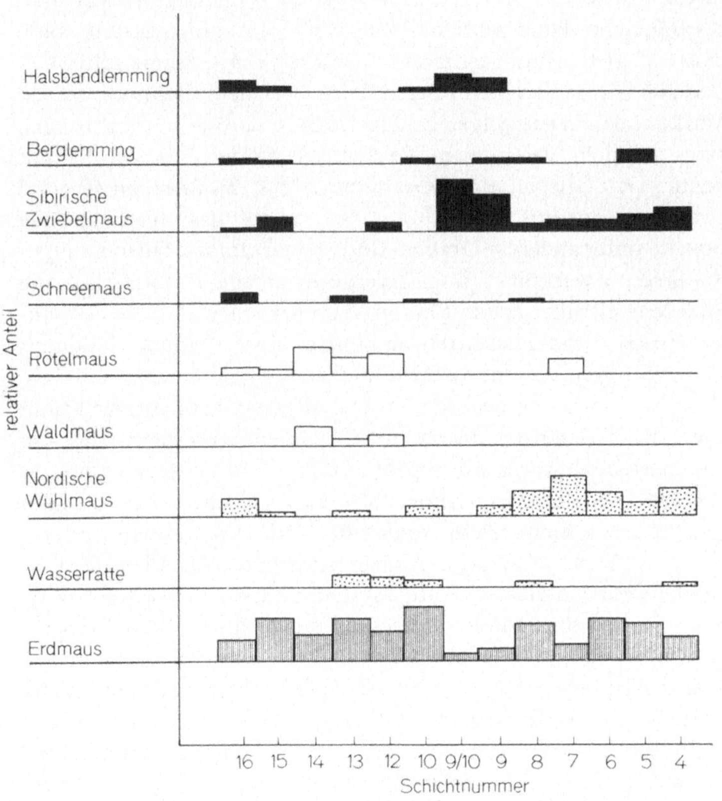

Abb. 18. Prozentanteile der Nagetiere aus der Schichtenfolge der Nietoperzowa-Höhle bei Krakau (nach KOWALSKI)

Trotz der Erfolge, die die Faunenlistenmethode in diesen und einigen anderen Fällen erbrachte, sollte sie nie rein schematisch angewendet werden; sie bedarf stets der Kontrolle durch eine umfassende Auswertung aller anderen „Indizien".

4. Pflanzliche Reste und Abdrücke

Genau wie die Tiere sind auch die Pflanzen vom Klima abhängig. In den Schichten eingeschlossene Pflanzenreste oder andere Hinweise auf die zeitgenössischen Gewächse lassen Schlüsse auf Wetter, Temperaturen, Landschaft und dergleichen zu. Aus histologischen Befunden, beispielsweise aus dem Fehlen von Jahresringen im Holz mitteleuropäischer Steinkohlepflanzen, kann man auf gleichförmiges, tropisch-subtropisches Klima schließen, und aus den zahlreichen lufterfüllten Zwischenzellräumen auf ein Vorkommen in sumpfigen Böden. Sogar quantitative Näherungen sind möglich, wenn man die Lebenserfordernisse der Pflanze kennt. Das Beispiel einer Grabung in der masurischen Gegend zwischen Kruglanken und Marggrabowa soll das illustrieren. Sie brachte unter anderem Graben- und Schnabelbinse, fadenförmiges Riedgras, Zwergbirke und Zwergerle zutage — zweifellos die Pflanzenwelt einer kalten Region. Nun brauchen aber die erwähnten Birken- und Erlenarten zumindest einige Monate hindurch Temperaturen zwischen sechs und zehn Grad Celsius, um ihre Früchte zum Reifen zu bringen. Das allgemeine Bild einer kalten Zone wird demnach durch die Gewißheit verfeinert, daß die Sommertemperaturen bis ungefähr zehn Grad gestiegen sind.

Unter günstigen Umständen bleiben Pflanzenreste auch durch Jahrmillionen hindurch in verkieseltem oder verkohltem Zustand erhalten. Auch pflanzliche Abdrücke können zur Identifikation fossiler Pflanzen dienen (Abb. 19). Durch den Einsatz des Mikroskops, durch die Dünnschlifftechnik sowie durch neue Präparations- und Färbemethoden ist es möglich geworden, versteinerte Pflanzenstrukturen umfassend zu untersuchen und botanische Aufschlüsse zu erhalten, die oft auch chronologisch informativ sind (Abb. 20). Als besonders widerstandsfähig hat sich der Blütenstaub erwiesen; auf ihn stützt sich eine gut erprobte Methode, die das Thema des nächsten Kapitels ist. Auch Abdrücke auf Gesteinen geben gelegentlich Hinweise auf die Pflanzen der Vorzeit.

Abb. 19. Abdrücke von Farnen aus dem Karbon, Oberschlesien (Photo: J. MAŁECKI)

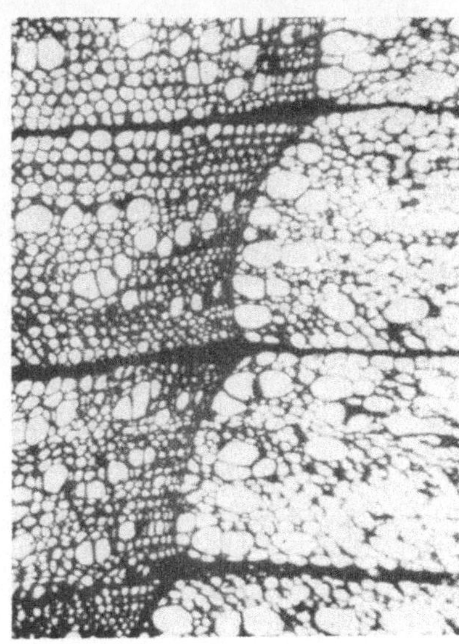

Abb. 20. Mikroaufnahme des Holzkohlensplitters einer Linde an der Grenze zweier Jahresringe (aus GROHNE 1955)

Ein aufschlußreiches Beispiel dafür bieten Kalkablagerungen, sogenannte Kalktuffe. In kalkhaltigen Wässern scheidet sich Kalk an Algen und Moosen wie auch an abgefallenen Blättern, Holzresten und dergleichen ab. Ursache der Kalkfällung ist die Verarmung der Kalklösungen an Kohlendioxid durch Abgabe an die Luft oder durch Entzug durch assimilierende Pflanzen. Die feinen Calciumkarbonatkriställchen zeichnen die Struktur in allen Details nach.

Eine Gelegenheit zu einer relativen Datierung boten Kalktuffe im Oberinntal um Landeck, Tirol. In ihren zahlreichen Pflanzenabdrücken spiegelt sich das Klima seit der ausklingenden letzten Eiszeit. Man darf annehmen, daß die Tuffbildung hier gleich nach dem Abschmelzen der Gletscher in diesem Raum begann, als sich auf den eisfrei gewordenen Berghängen noch keine höheren Pflanzen angesiedelt hatten. Dafür spricht, daß in den untersten, fünf Zentimeter mächtigen Tuffablagerungen Anzeichen von Vegetation fehlen. Wie das folgende Schema (nach W. GRABHERR) zeigt, liegen darüber verschiedene Tufflagen, in denen bestimmte Pflanzen vorherrschen:

Gegenwart (nach Abschluß der Tuffbildung)	9. Humus mit derzeitiger Vegetation
Nacheiszeitliche Wärmezeit	8. Blättertuffe mit Vorherrschen der Hasel (Leitpflanze der Wärmezeit)
	7. Föhrenhorizont mit vielen Hölzern und Stammstücken, Hasel
Späteiszeit (Spätglazial) mit ihrer bezeichnenden Vegetationsfolge	6. Birkenhorizont mit ersten Spuren der Hasel (Übergang zur Nacheiszeit)
	5. Sanddornhorizont mit vielen Weiden, Alpenrosen
	4. Silberwurz-(Dryas-)Horizont
	3. Erstlingsvegetation: Netzblättrige Weide, anfänglich noch ohne Silberwurz
	2. Tuffablagerungen ohne nachweisbare Vegetation, mineralische Geländeversinterung
Späteiszeit nach dem Abschmelzen der Gletscher	1. Moräne, durch den eingedrungenen Kalk versintert
	0. anstehendes Grundgestein (Quarzphyllit)

Wenn man auf Grund der Vegetation Altersangaben machen will, braucht man Pflanzen, die nur in einem bestimmten Zeitraum und in einer bestimmten Vegetationsfolge auftreten. Man nennt sie Leitpflanzen.

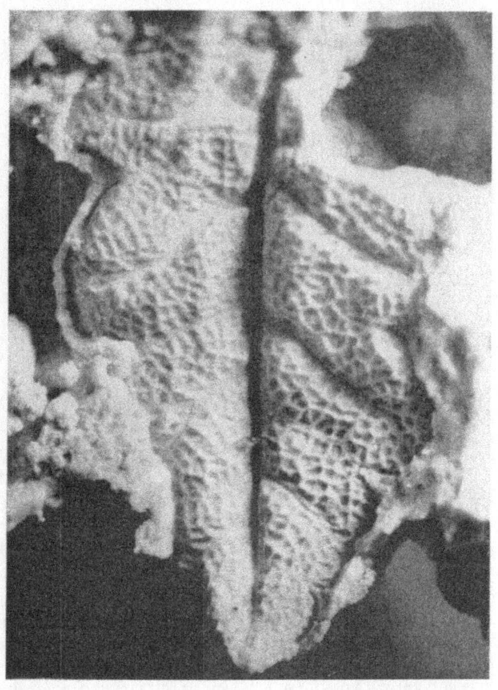

Abb. 21. Abdruck eines Silberwurzblatts aus dem Silberwurzhorizont der Kalktuffablagerungen des Oberinntales (aus GRABHERR 1961)

Ihr häufiges Vorkommen ist ein allgemeines Merkmal für diese Zeitepoche. Die netzblättrige Weide ist in diesem Fall als Leitpflanze unbrauchbar, weil sie in den eiszeitlichen Ablagerungen Mittel- und Nordeuropas schon in der letzten Zwischeneiszeit häufig vorkam. Dagegen ist die Silberwurz (Abb. 21) eine gute Leitpflanze: Sie tauchte erst spät in der letzten Eiszeit auf und breitete sich am Ende einer langen Kälteperiode, deren kalt-trockenes Klima nur Tundravegetation zuließ, rasch aus. Nach dem

lateinischen Namen für Silberwurz, *Dryas octopetala*, wird dieser
Abschnitt der letzten Späteiszeit auch Dryaszeit genannt.

Eines der ersten und wichtigsten Ergebnisse der Beobachtung
von Pflanzenresten war die Erkenntnis, daß das Klima auch noch

Tabelle 1. *Schema der spät- und nacheiszeitlichen Waldentwicklung (nach* FIRBAS*),
Pollenzonennumerierung nach* OVERBECK

Jahre vor der Gegenwart			
1000–2000	Subatlantikum	XII	Kulturforste, Weide-, Wiesen- und Ackerland
		XI	Buchenwald
3000	Subboreal	X	Buchen- und Eichenwald
4000		IX	Eichenmischwald mit hohem Eichenanteil
5000–7000	Atlantikum	VIII	Eichenmischwald mit hohem Anteil an Ulmen und Linden
8000–9000	Boreal	VII	ausgedehnte Haselhaine
		VI	Hasel-Kiefernwald
10000	Präboreal	V	Birken-Kiefernwald
	jüngere subarktische Zeit	IV	baumarme Tundren
11000	mittlere subarktische Zeit (Alleröd)	III	Birken-Kiefernwald
12000	ältere subarktische Zeit	II	baumarme Tundren
	älteste arktische Zeit	I	baumlose Tundren

nach der letzten Vereisung einigen Schwankungen unterworfen
war (Abb. 22). Die beiden schwedischen Forscher BLYTT und
SERNANDER gaben das Gerüst für eine Klimaübersicht für Süd-
skandinavien, die später weiter ausgearbeitet wurde, in ihren
Grundzügen aber noch heute gilt. Sie ist in der Tabelle 1 mit den
Resultaten der Pollenanalyse zusammengefaßt.

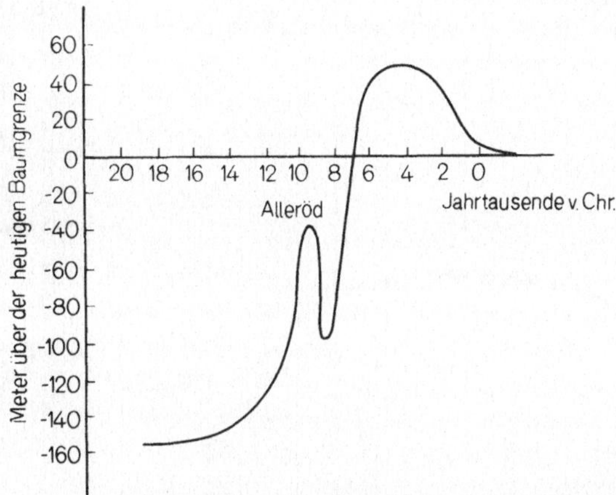

Abb. 22. In den Verschiebungen der Waldgrenze in Mitteleuropa spiegeln sich die Klimaschwankungen während der ausklingenden Eiszeit (nach Firbas)

5. Die Pollenanalyse

Pollen ist der fachliche Ausdruck für Blütenstaub. Der Wind wirbelt ihn in die Luft, unzählige Pollenkörner sinken ungenützt zur Erde und gelangen so in die Bodenschichten. Dort bleiben sie mehr oder weniger gut erhalten — noch Jahrmillionen später sind sie unter dem Mikroskop erkennbar. Die Methode der Pollenanalyse beruht darauf, daß die Pollenkörner von Art zu Art verschiedene charakteristische Formen haben. An diesen kann der Fachmann die Arten der Pflanzen entnehmen, von denen der Blütenstaub stammt (Abb. 23). Nun ist jede Art an bestimmte klimatische Bedingungen gebunden. Die Häufigkeit des Vorkommens von Pollen in einer bestimmten Schicht wirft also Licht auf die Zeit, zu der diese entstand. Man kann die Häufigkeitswerte in Übersichtszeichnungen zusammenstellen, die Untersuchung also wie bei der Faunenliste zahlenmäßig vornehmen.

Die Pollenanalyse wurde schon vor der Jahrhundertwende von dem schwedischen Moorforscher von Post angewendet. Wegen der großen Menge an Pollen, die jährlich ausgestreut wird, übertrifft diese botanische Methode das Faunenlistenverfahren erheblich an Sicherheit. Und dadurch, daß die Bestimmungsobjekte mikroskopisch klein sind, erhöht sich ihre Genauigkeit, da dadurch die Zuordnung zu den Schichten leichter wird.

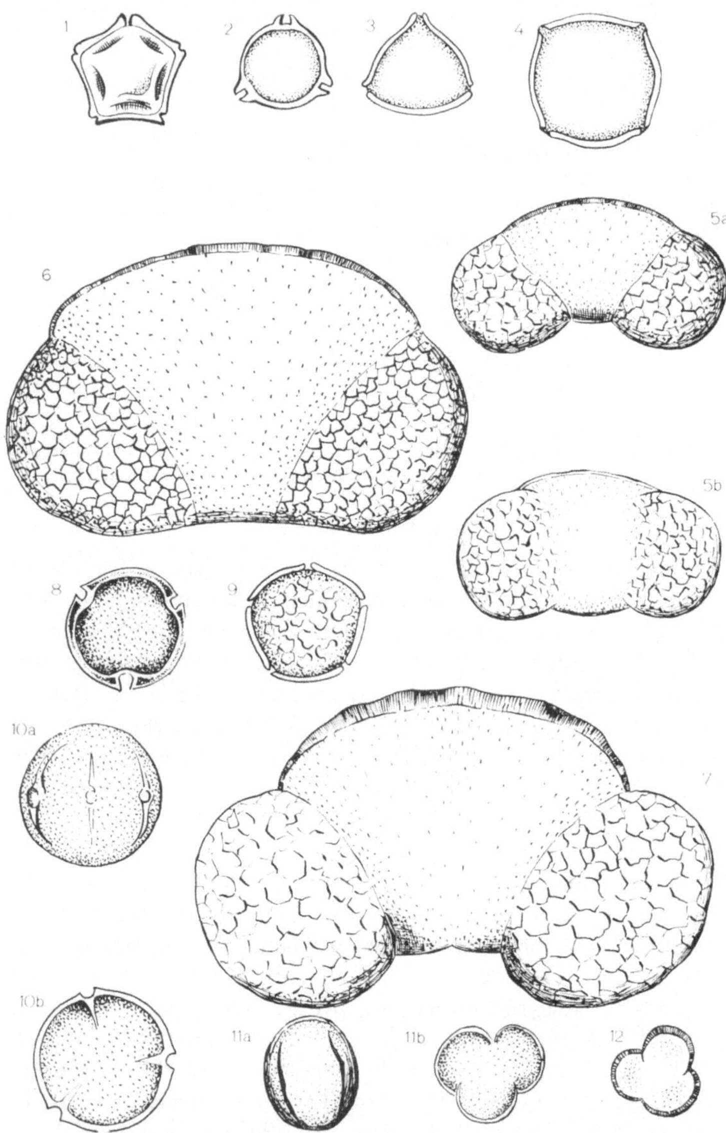

Abb. 23. Die wichtigsten Waldbaumpollen. 1 Erle, 2 Birke, 3 Hasel, 4 Hainbuche, 5 a, 5 b Waldkiefer, 6 Fichte, 7 Tanne, 8 Linde, 9 Ulme, 10 Buche — a Seitenansicht, b Polansicht —, 11 Eiche — a Seitenansicht, b Polansicht —, 12 Weide (nach OVERBECK)

Die Pollenmethode stützt sich auf einige wenige typische, möglichst häufig vorkommende Arten. Einige hundert Pollenkörner werden unter dem Mikroskop nach ihrer Zugehörigkeit bestimmt,

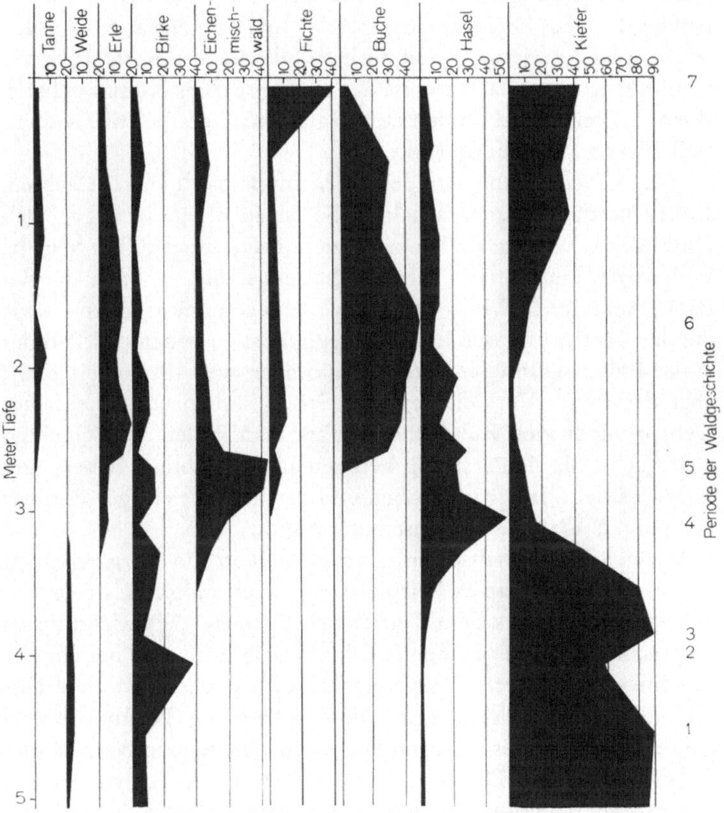

Abb. 24. Im Pollendiagramm des Wilden Rieds im Federseegebiet spiegelt sich die nacheiszeitliche Waldgeschichte Mitteleuropas (nach SIMON)

gezählt und nach ihrer Häufigkeit geordnet. Den Prozentmaßstab mit den eingetragenen Häufigkeitswerten nennt man — in Anlehnung an die Optik — Pollenspektrum (Abb. 24). Für eine Untersuchung benötigt man nicht mehr als einen Kubikzentimeter Ablagerungsmaterial, oft mußte man auch mit noch geringeren

Mengen auskommen — wenn es sich etwa um Erdklümpchen handelte, wie man sie manchmal an alten Knochen oder Steinwerkzeugen angebacken findet. Als gut brauchbar hat sich der Pollen von Bäumen erwiesen. Sein Spektrum informiert uns über die Zusammensetzung des Waldes, über den Anteil der Erlen, Eichen, Birken, Linden, Kiefern, Fichten usw. am Baumbestand. Deutlich zeichnet sich darin ab, wann die eine oder andere Baumart in das Gebiet einzog — und meist ist das die Folge eines Klimawechsels. Buchen, Eichen und Linden weisen auf gemäßigte Wärme, Kiefern und Birken auf gelinde Kälte hin.

Wie bei jedem solchen Verfahren muß man danach trachten, alle Fehlerquellen auszuschalten. So ist zu berücksichtigen, daß Laubbäume weniger Pollen produzieren als Nadelbäume. Manche Pollenarten sind auch schlecht erhaltungsfähig — etwa die der Pappel und der Eiche — und andere schwer zu bestimmen — wie die der Lärche und der Erle. Schließlich ist zu bedenken, daß der Wind Blütenstaub über hundert Kilometer weit forttragen kann; aber das ist im Vergleich zu der Größe klimatisch einheitlicher Gebiete nicht viel. Zur Sicherheit hat man Pollen aus Schichten untersucht, die sich erst vor wenigen Jahren gebildet haben, und es erwies sich, daß er im großen und ganzen ein richtiges Bild der derzeitigen Waldzusammensetzung ergibt.

Mit der Pollenanalyse dringt man weit in die Vergangenheit zurück. Mit ihr war es beispielsweise auch möglich, in Braunkohlenschichten aus dem Tertiär verschiedene Zeitabschnitte zu unterscheiden. Ihre größten Erfolge erzielten sie aber bei der Erkundung der jüngeren Vergangenheit: im Bereich zwischen Eiszeit und geschichtlicher Zeit. Die europäischen Torfmoore sind ein reichhaltiges Reservoir an Pollen. Sie entstanden erst, als sich das Eis zurückzog. Damals nahm der Wald allmählich wieder von den eisfreien Regionen Besitz. Eine Baumart nach der anderen zog ein, und dieses Eindringen spiegelt sich im Pollenspektrum. Auch Pollen, der nicht von Bäumen stammt, hat sich als aufschlußreich erwiesen. So konnte F. FIRBAS 1937 mit Getreidepollen den Getreideanbau pollenanalytisch nachweisen.

Im Laufe der pollenanalytischen Erforschung der deutschen Torfmoore kristallisierten sich verschiedene Epochen der Waldgeschichte heraus (Abb. 25). Sie begründen, bestätigen und verfeinern die Ergebnisse anderer Rekonstruktionsversuche mit botanischen Mitteln.

Die Pollenanalyse hat sich auch als bedeutendes Hilfsmittel relativer Chronologie erwiesen. Ein Beispiel ist die pollenanalytische Datierung der sogenannten Basismudde (P. GROSCHOPF).

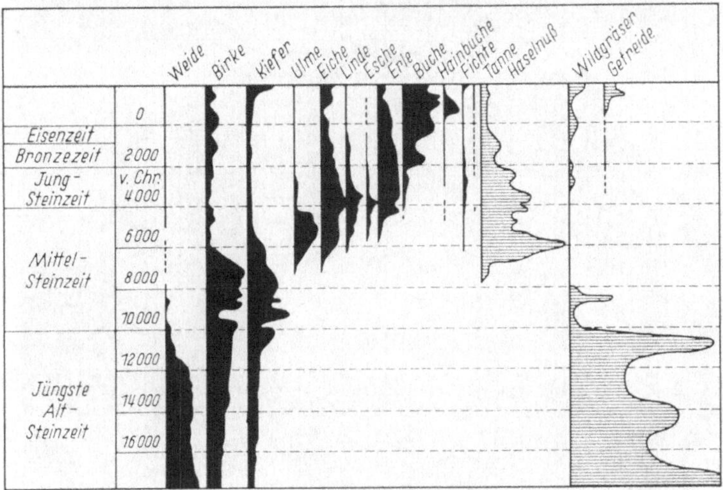

Abb. 25. Pollenprofil der Nacheiszeit (nach STEINBERG, entnommen aus MÄGDEFRAU 1964)

Es handelt sich um eine braune, humushaltige Bodenbildung, die in Süddeutschland und wahrscheinlich auch darüber hinaus als erste organogene Ablagerung in flachen Tümpeln entstand. Guterhaltener Pollen von Kiefer, Birke und Weide — wobei die Birke mit 95 bis 99% bei weitem überwog — wies auf das Präboreal mit einem Alter von etwa 10 000 Jahren. Dieser Wert wurde durch die Radiokohlenstoffmethode bestens bestätigt.

6. Die Jahresringe der Bäume (Dendrochronologie)

Ein naheliegendes Mittel zur Datierung sind die Jahresringe, die an Querschnitten durch Baumstämme zu erkennen sind. Sie entstehen durch das Dickenwachstum der Bäume. Im Frühjahr beginnt zwischen Holz und Rinde eine besondere Art von

Zellgewebe, das Kambium, verhältnismäßig große und dünnwandige Zellen zu bilden — das poröse Frühholz entsteht. Allmählich werden die weiterhin produzierten Zellen kleiner und erhalten auch dickere Wände — so kommt das dichte Spätholz zustande

Abb. 26. Querschnitt durch den Stamm eines Mammutbaums aus einem kalifornischen Gebirgstal (Photo: AD)

Im Winter hört das Wachstum auf, um im nächsten Frühling wieder mit der Produktion der dünnwandigen Zellen zu beginnen. Die periodischen Dichteschwankungen des Holzes treten äußerlich als Jahresringe in Erscheinung. Im allgemeinen nimmt die Dicke der Ringe von innen nach außen ab. Das geschieht aber nicht gleichmäßig, sondern die Dicken benachbarter Ringe wei-

chen oft in auffälliger Weise voneinander ab, was sich als Folge
von Klimaschwankungen erklären läßt.

Das Abzählen der Baumringe führt allerdings kaum über die
geschichtliche Zeit hinaus. Um diese Grenze zu überwinden, benützt man sehr alte Bäume. Die Baumringchronologie ist besonders in Nordamerika nützlich, weil dort erst seit dem 15. Jahr-

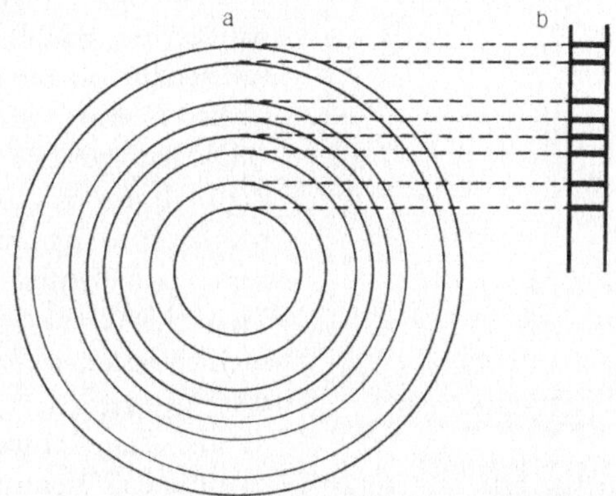

Abb. 27 a u. b. Entstehung eines Baumringdiagramms (schematisch). a Querschnitt durch einen Baumstamm, b der Baumringabstand, auf einen Streifen
übertragen

hundert schriftliche Aufzeichnungen existieren und weil es dort
eine Baumart gibt, die *Sequoia*, auch Mammutbaum genannt, die
über 3000 Jahre alt werden kann und somit zweieinhalb Jahrtausende amerikanischer Vorgeschichte umfaßt (Abb. 26).

Der zweite Weg zu höheren Jahreszahlen ist jener des schritt-
weisen Eindringens in die Vergangenheit, die Methode des Ver-
zahnens. Als Vergleichsbasis benützt man ein Baumringdiagramm
(Abb. 27). Man geht von einer bekannten, meist einer gegenwarts-
nahen Baumringfolge aus und sucht nun nach einer anderen, älteren,
deren Zeitbereich sich ein wenig mit jenem der ersten überschnei-
det (Abb. 28). Die innersten Schichten des bekannten Querschnitts
stammen aus derselben Zeit wie die äußeren des älteren Anschluß-
schnitts. Eine solche Verzahnung darf man als erwiesen betrachten,
wenn die Schwankungsfolgen in den sich überschneidenden Jahren die gleichen sind. Ist ein Anschluß geglückt, dann sucht man
auf dieselbe Weise nach einem zweiten, einem dritten und so fort.

Der erste, der dieses Verfahren, „die Dendrochronologie", in die Wissenschaft einführte, war der Amerikaner A. E. Douglass um die Jahrhundertwende. Er wandte sich vor allem den indianischen Siedlungsbauten zu und benützte Jahresringfolgen der Gelbkiefer, die ein wichtiges Baumaterial indianischer Gebäude, der Pueblos, war. Sie führten ihn bis ins Jahr 11 nach Christi Geburt zurück.

Die schwedische Geochronologin Ebba Hult de Geer beschäftigte sich mit den Holzresten von Pfahlbauten aus dem Tingstäde-Träsk-See. Sie versuchte, die amerikanischen Jahresringfolgen der *Sequoja* mit ihren eigenen schwedischen abzustimmen. Wenn ihre Ergebnisse auch nicht allgemein anerkannt sind, so ist die Übereinstimmung, die sich für das fünfte und sechste Jahrhundert nach Christus ergab, doch ganz zufriedenstellend.

Der Grund für diesen überraschenden weltweiten Parallellauf könnte in der Sonnenfleckentätigkeit liegen. Sonnen-

Abb. 28 a u. b. a Verzahnen sich teilweise überschneidender Schichtfolgen, b Einpassen einer einzelnen Folge in eine andere — Parallelisieren

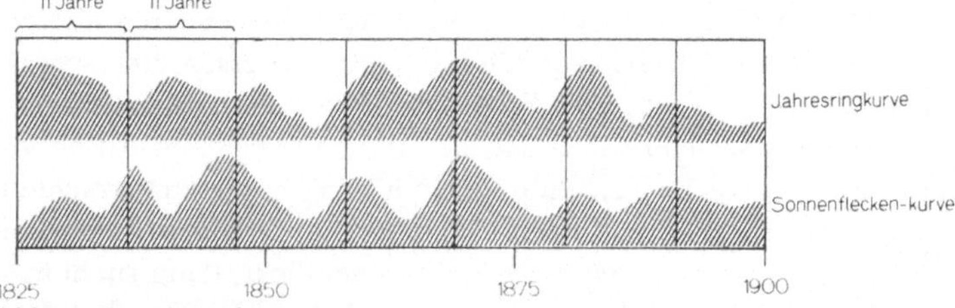

Abb. 29. Vergleich der Jahresring- und der Sonnenfleckenkurven (nach Bowen)

flecken treten in einem elfjährigen Zyklus auf; ob sie sich —
etwa durch den verstärkten ultravioletten Teil der Sonnenstrahlung — auf das Pflanzenwachstum auswirken, ist noch nicht bekannt. Doch schon DOUGLASS stellte Elfjahreszyklen in den Ringdickenschwankungen fest, die sich mit der Sonnenaktivität korrelieren ließen (Abb. 29).

7. Datierung durch Flechten (Lichenometrie)

Der Altersbestimmung jüngster Moränen dient eine Methode,
die auf dem Wachstum von Flechten beruht. Flechten sind Vergesellschaftungen (Symbiosen) von Pilzen und Algen, die noch
unter relativ ungünstigen Klimabedingungen lebensfähig sind. Sie
gehören zu den ersten Pflanzen, die sich nach dem Rückzug der
Gletscher auf frei gewordenen Gesteinsoberflächen ansiedeln. Nach
dem Anfangsstadium, in dem das entstehende Flechtenlager mikroskopisch noch nicht sichtbar ist, folgt eine Phase beschleunigten
Wachstums, die höchstens einige Jahrzehnte dauert. Abschließend
kommt es zu annähernd gleichförmigem Zuwachs, der Jahrhunderte fortdauern kann. Die Wachstumsgeschwindigkeit ist vom
Klima abhängig, doch darf man sie unter einheitlichen klimatischen Bedingungen für ein und dieselbe Flechtenart als gleich
annehmen. Darauf beruht die von dem Botaniker R. BESCHEL
angegebene Datierungsmethode der Lichenometrie, der Flechtenmessung.

Durch eine Statistik der Flechtendurchmesser auf alten Grabsteinen — die durch die Inschriften datiert sind — stellte er zunächst die Wachstumsraten verschiedener Blatt- und Krustenflechten fest. Er fand, daß die Durchmesser der größten Flechtenlager als Maße für das Alter dienen können. Seit 1949 wandte
BESCHEL diese Methode auch auf Moränenblöcke an. Voraussetzung dafür ist ein Bezugsdatum, beispielsweise eine historische
Angabe für das Alter eines Moränenwalls, die über die Wachstumsgeschwindigkeit der verschiedenen Flechtenarten unter den
gegebenen Bedingungen informiert. Bei den bisherigen lichenometrischen Untersuchungen hat sich die leicht erkennbare und weitverbreitete Landkartenflechte (*Rhizocarpon geographicum*) am besten
bewährt. Eines der wichtigsten Ergebnisse der Lichenometrie

ist der Nachweis, daß die jüngsten Gletschervorstöße in den Alpen gleichzeitig vor sich gingen. Dabei wurde auch ein bisher unbekannter Vorstoß aus der Zeit um 1780 n. Chr. gefunden.

Da das Wachstum der Flechten an manchen Orten, beispielsweise in der Arktis, drei bis vier Jahrtausende hindurch andauern kann, so wäre von der Lichenometrie vielleicht auch ein Beitrag zur Klimageschichte dieser Zeitspanne zu erwarten. Stehen keine Bezugswerte — wie sie etwa durch die Radiokohlenstoffmethode zu erbringen wären — zur Verfügung, so erscheinen so weite Extrapolationen aber als gewagt, da Wachstumsschwankungen und -unterbrechungen niemals ganz auszuschließen sind. Besonderheiten des lokalen und des Mikroklimas und besondere ökologische Verhältnisse können zu Abweichungen vom normalen Wachstumsverlauf führen.

8. Der Grenzhorizont

Torf ist ein Zersetzungsprodukt von Pflanzen. Abgestorbene Pflanzenteile häufen sich auf dem Boden an, beginnen zu verwittern und werden bald von weiteren Lagen überdeckt.

In den nordwestdeutschen Hochmooren sind zwei Zonen deutlich zu unterscheiden. Unten liegt eine alte, stark zersetzte Schicht „Schwarztorf", oben eine jüngere, schwach zersetzte Schicht „Weißtorf". Die Trennungslinie läßt sich oft recht scharf ziehen; C. A. WEBER nannte sie „Grenzhorizont" und sah sie als Zeitmarke eines Klimawechsels an. Er besaß auch einen Anhaltspunkt für eine absolute Datierung. Im Moor von Oberaltendorf in Kehdingen hatte man eine Leiche gefunden, die sich archäologisch datieren ließ — sie stammt aus der Zeit, in der sich in jener Gegend der Wechsel von der Bronze- zur Eisenzeit vollzog; das geschah ungefähr 600 bis 800 Jahre v. Chr. Eine Pollenanalyse in der Nähe des Fundortes führte zum gleichen Ergebnis.

Wenn der Grenzhorizont, wie WEBER annahm, die Folge eines Klimawechsels war, dann bestand die Möglichkeit, ihn in einem weiteren Gebiet als chronologischen Fixpunkt zu verwenden. Prähistorische Moorfunde, die unter dem Weberschen Grenzhorizont lagen, wurden als bronzezeitlich oder älter, solche, die darüber lagen, als eisenzeitlich oder jünger angesehen. Weiter schien durch

44

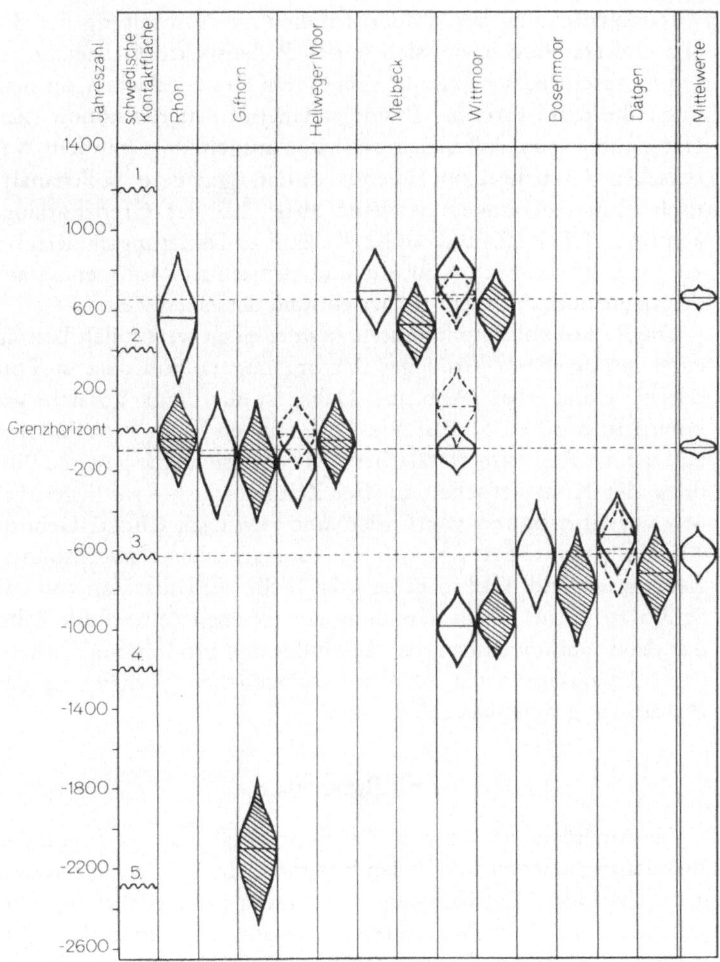

Abb. 30. Kontaktflächen nordwest- und mitteldeutscher Hochmoore, nach der Radiokohlenstoffmethode datiert; schraffiert: Oberkante des Schwarztorfs; weiß: Unterkante des Weißtorfs; gestrichelt umrissen: Holzprobe (nach OVERBECK, MÜNNICH u. a.)

ihn der Übergang der Späten Wärmezeit (Subboreal) zur Nachwärmezeit (Subatlantikum) gekennzeichnet zu sein. Und schließlich erfolgte zu diesem Zeitpunkt auch eine Änderung in der

Zusammensetzung der Wälder, nämlich die Ausbreitung der Buche und Hainbuche, die sich in den Pollenspektren abzeichnete.

Im südschwedischen Raum gibt es fünf Kontaktflächen, die man mit Hilfe prähistorischer Funde annähernd datieren konnte. Zuerst glaubte man, daß die am stärksten ausgebildete mit dem Weberschen Grenzhorizont übereinstimmt, genauere pollenanalytische Untersuchungen bewiesen aber, daß der Grenzhorizont keine verläßliche Zeitmarke ist. Es kam zu Datierungsfehlern bis zu 2000 Jahren. Selbst in ein und demselben Moor entsprach der Grenzhorizont nicht immer ein und derselben Zeit.

Die Radiokohlenstoffmethode leistete einen wertvollen Beitrag zur Klärung dieses Problems. Als organogene Substanz ist Torf durch ^{14}C datierbar (Abb. 30). Dabei ist allerdings Vorsicht geboten: In porösen Stoffen wie Torf dringen leicht Fremdkörper ein, die die Resultate verfälschen. Es ergab sich eine gewisse Bindung der Kontaktflächen an drei Zeitbereiche — sie liegen bei 600 vor Christi, 100 vor Christi und 700 nach Christi Geburt. Allerdings steht heute fest, daß die Kontaktflächen keine absoluten Zeitmarken sind. Daß nicht an jeder Stelle der Umschlag von der Schwarztorf- zur Weißtorfbildung zur gleichen Zeit erfolgt, kann nur damit zusammenhängen, daß außer den großräumig wirkenden Klimafaktoren die lokal unterschiedlichen Verhältnisse der Bewässerung mitentscheidend sind.

9. Flußterrassen

Die Aufeinanderfolge von Warm- und Kaltzeiten während des Eiszeitalters spiegelt sich in den Bodenschichten — beispielsweise in wechselnden Einschlüssen von Resten wärmeliebender und kälteliebender Tiere. W. SOERGEL wies als erster darauf hin, daß auch die Bildung von Flußterrassen durch Ablagerung von Schotter auf Klimaschwankungen zurückzuführen ist.

In Kältezeiten sind eisfreie Regionen wie Berghänge häufigem Temperaturwechsel zwischen über null und unter null Grad Celsius ausgesetzt. Da die Vegetation in den Höhenlagen verschwunden ist und sich auch keine schützenden Verwitterungsschichten halten können, kommt es zu starken Frostsprengungen. Man führt sie darauf zurück, daß das Wasser unter dem Einfluß der Sonnenwärme aufschmilzt, in feinste Gesteinsspalten eindringt und diese erweitert, wenn es gefriert — denn Wasser dehnt sich beim Gefrieren aus. Große Mengen von Frostschutt fallen und rutschen über die Steilhänge zu Tal. Doch die Kraft der Flüsse — denen das Wasser fehlt, das auf den Bergen als Schnee und Eis zurückbleibt — reicht nicht aus, das Gestein über weitere Strecken mitzutragen. Sobald sie in ebene Regionen gelangen und ihre Geschwindigkeit geringer wird, laden sie sie wieder ab. In den Zwischeneiszeiten kommen diese Ablagerungsvorgänge bald zum Erliegen. Die Frostsprengung hört auf, die Schuttmengen nehmen ab, der Boden überzieht sich mit einer Humus- und Pflanzendecke. Außerdem stehen nun auch größere Wassermengen zur Verfügung; zum Wasser der Niederschläge kommt jenes des abschmelzenden Eises. Die Flüsse sind leicht imstande, die spärlichen Schuttmengen mitzunehmen und außerdem noch ihre Betten einzugraben. Sie bilden Einschnitte in die Schotterlager, deren Reste als Terrassen übrigbleiben. Das kann sich mehrmals wiederholen (Abb. 31). Jede Terrasse entspricht einer Kälte-, jeder Einschnitt einer Wärmezeit.

A. PENCK wies im Iller-Lech-Gebiet vier Terrassen nach und legte damit die erste, noch grobe

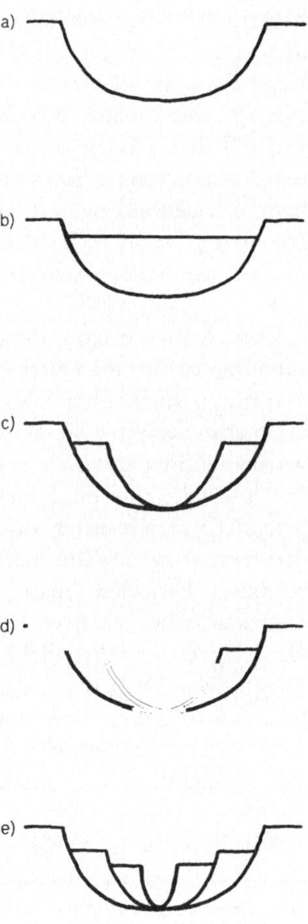

Abb. 31 a—e. Entstehung von Flußterrassen durch abwechselndes Ausgraben und Anfüllen des Flußbettes (schematisch). a Leeres Flußbett, b Flußbett mit Ablagerungen aufgefüllt, c in die Ablagerungen wurde ein sekundäres Flußbett eingeschnitten, d das sekundäre Flußbett wurde teilweise gefüllt, e in die Ablagerungen wurde wieder ein Bett eingegraben

Einteilung des Eiszeitalters in vier Glazialphasen fest. Er benannte sie nach jenen Alpenflüssen, an denen sich die ersten Anzeichen für die Untergliederung ergaben — die erste Günz-Eiszeit, die zweite Mindel-Eiszeit, die dritte Riß-Eiszeit, die vierte Würm-Eiszeit. Er versuchte auch, aus der Stärke der Schichten Anhaltspunkte für eine Zeitbestimmung zu gewinnen und kam, wie schon erwähnt, zu den Werten 600 000 für den Beginn der ersten, 500 000 für den Beginn der zweiten, 250 000 für den Beginn der dritten und 100 000 für den Beginn der vierten Eiszeit.

Den Arbeiten von PENCK folgten mehrere genauere Untersuchungen, die eine feinere Untergliederung zur Folge hatten. Die vier hervorstechenden Eiszeiten erwiesen sich als nicht einheitlich, vielmehr enthielten sie Perioden, die zwar nicht so ausgesprochen warmes Klima mit sich brachten wie die Zwischeneiszeiten oder Interglaziale, aber doch merkliche Erwärmung — man nannte sie Interstadiale. Gestützt auf eine grundlegende Untersuchung an den Terrassen der Ilm kam W. SOERGEL 1924 zur Annahme von elf kalten Perioden. Später fanden sie noch ältere Schotterschichten, aus einer frühen Kältezeit, der Donau-Eiszeit, die sich als dreigeteilt erwies. Schließlich kamen unter diesen noch zwei Lagen zum Vorschein, die nach Staufenberg und Ottobeuren benannt wurden. Von der letzten steht aber noch nicht ganz fest, ob sie wirklich ein Eiszeitklima zur Ursache hat oder ob sie vielleicht auf andersartige klimatische Gegebenheiten zurückgeht.

Die Einteilung in Günz-, Mindel-, Riß- und Würm-Eiszeit und die nachfolgenden Verfeinerungen galten ursprünglich nur für den Alpenraum. Zwar gab es in jenem Zeitalter auf der ganzen Nordhalbkugel der Erde Vereisungen, aber der Wellengang von Kälte und Wärme läuft nicht überall restlos synchron. So kam es, daß man mit Hilfe ähnlicher, auf eiszeitliche Ablagerungen fußender Überlegungen zu anderen, stets nur für spezielle Gegenden geltenden Einteilungen gelangte. Erst nachträglich verglich man sie, und es verdeutlichte sich immer mehr, daß Eiszeiten Erscheinungen von weltweitem Charakter sind. Als Ursache wurden Schwankungen in der Intensität der Sonneneinstrahlung vermutet, doch ist das Problem bis heute noch nicht völlig geklärt.

10. Moränengürtel

Das Verhalten der Gletscher ist vom Klima bestimmt. In den kältesten Abschnitten dehnten sie sich aus, sie wanderten durch die Gebirgstäler herab und stießen weit in die Ebene vor, in wärmeren Intervallen zogen sie sich mehr oder weniger zurück. Dabei

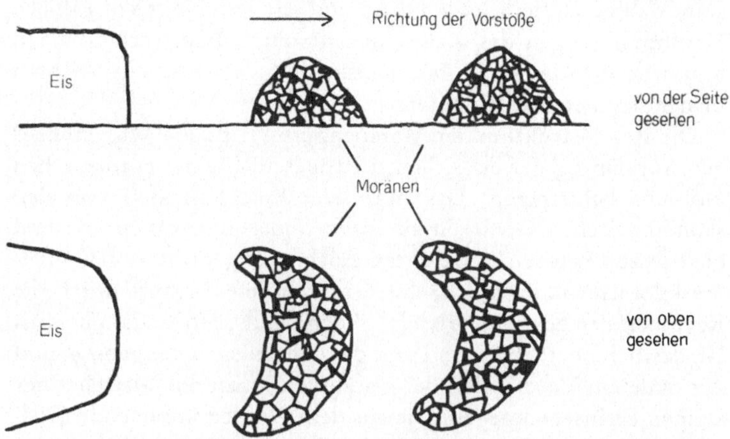

Abb. 32. Gletscherfront mit Stirnmoränen früherer Vorstöße (schematisch)

hinterließen sie manche Spuren — sie schliffen Täler aus und gaben ihnen eine charakteristische U-Form, sie beförderten Gesteinsteile aller Größen — vom Staub bis zum Riesenblock — und lagerten sie in flacheren Gegenden ab. Häufungen dieses Materials nennt man in der Fachsprache Moränen (Abb. 32). Drei verschieden alte Moränen im Raum von Innsbruck sind beispielsweise ein Beweis für die mehrfache Vergletscherung des Alpeninneren mit dazwischenliegenden wärmeren Phasen.

Natürlich kam es vor, daß jüngere Eisvorstöße über das Moränenmaterial der älteren hinweggingen und es teilweise oder ganz zerstörten. Glücklicherweise gibt es aber auch Stellen, an denen die abgesetzten Lagen nach ihrer Reihenfolge säuberlich von unten nach oben geordnet übereinandersitzen. Oft sind Schichten ganz anderer Entstehung dazwischen eingebettet, wodurch sie sich leicht unterscheiden lassen. Dabei kann es sich um Ablagerungen der wärmeren Intervalle handeln, wie um Torf und Humus, oder auch um Meeresablagerungen — durch das Abschmelzen der Gletscher stiegen die Meere und überfluteten weite Tieflandgebiete. Schließlich kommt es zu mechanischen und chemischen Verwandlungen des Moränenmaterials. Solange es nach der Eiszeit offen an der Oberfläche liegt, ist es vor allem dem kohlendioxidhaltigen kalklösenden Regenwasser ausgesetzt. Übrig bleiben andere, widerstandsfähige Gesteine, wie Quarz und feinverteilte, nicht lösliche Verunreinigungen des Kalks, die oft durch Eisenverbindungen braunrot gefärbt sind. Die Kräfte der Verwitterung reichten manchmal metertief hinunter.

Die Rekonstruktion der Moränengürtel hat auch Wesentliches zur Aufklärung der eiszeitlichen Erdgeschichte des europäischen Nordens beigetragen. Das nordische Inlandeis stieß von den skandinavischen Gebirgen aus nach Süden und Osten vor und begrub zur Zeit seiner weitesten Ausbreitung 13 Millionen Quadratkilometer unter sich. Seine Grenzen liefen damals durch die Regionen des heutigen Irlands, Südenglands, Hollands, über das Niederrheingebiet bis zum Rand der deutschen Mittelgebirge und der Sudeten. Vom Süden her wanderten ihnen die Gletscher der alpinen Eisinsel entgegen. Die aus dem Norden kommenden Eismassen brachten Gesteine aus Skandinavien, Finnland und dem Raum der Ostsee mit, der noch nicht unter Wasser stand. Sie lagerten sie in Norddeutschland und in dessen westlichen und östlichen Nachbargebieten in Dicken von durchschnittlich 100 Metern ab. Weite Regionen Norddeutschlands sind mit Moränenmaterial bedeckt.

Der am weitesten vorgeschobene Moränenwall der norddeutschen Vereisungsperioden gehört zu jener Kältezeit, die man Elster-Eiszeit nannte. Die Moränenkette der Saale-Eiszeit liegt zumeist etwas dahinter; nur im Westen greift sie etwas über das Vereisungsgebiet der Elster-Eiszeit hinweg. Die jüngste Kaltzeit des norddeutschen Raums ist die Weichsel-Eiszeit. Von ihr sind mehrere ausgeprägte Moränenwälle bekannt. Sie alle liegen noch weiter nördlich, und sie alle entsprechen einzelnen Stadien des letzten Abschnittes der Eiszeit; Abb. 33 gibt eine Übersicht über ihre Lage und über ihre Bezeichnung.

Im allgemeinen ist es ganz gut gelungen, die Vereisungen im norddeutschen Raum mit denen der Alpen in Einklang zu bringen.

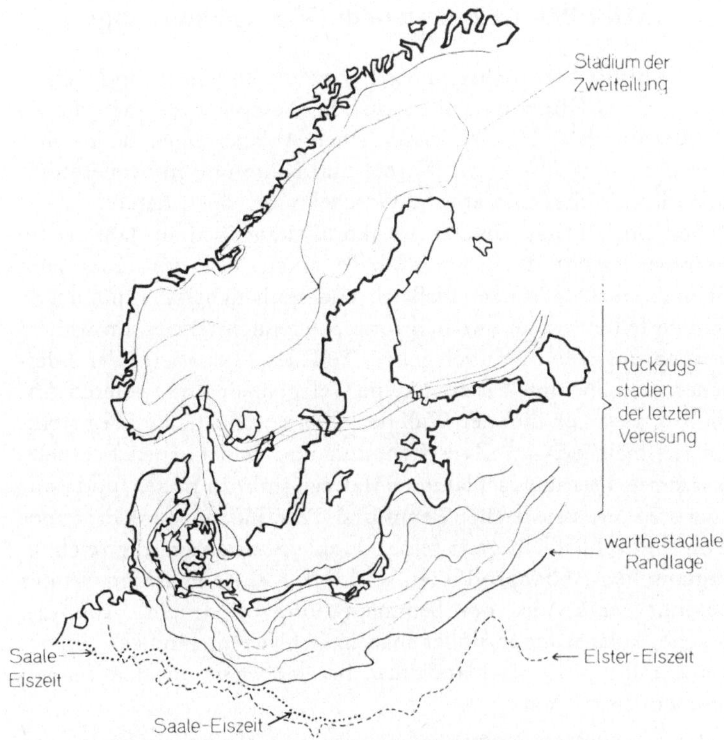

Abb. 33. Moränengürtel und Phasen der letzten Vereisungen (nach VIERKE)

Auffällig jedoch ist, daß es keine eindeutigen Beweise einer norddeutschen Parallele der Günz-Eiszeit gibt; allerdings wurden einige Ablagerungen gefunden, die auf eine vor der Elster-Eiszeit aufgetretene Kaltzeit hinzuweisen scheinen.

Eiszeiten im Alpenraum	Eiszeiten im norddeutschen Raum
Würm	Weichsel
Riß	Saale
Mindel	Elster
Günz	Elbe?

In letzter Zeit ist es auch geglückt, die nordamerikanischen Vereisungsperioden mit dem allgemeinen Schema in Einklang zu bringen.

11. Der Bändertonkalender (Varvenchronologie)

Alle bisher besprochenen Methoden zur Zeiteinstufung stützen sich auf das Klima, vor allem auf die Temperatur. Auch die als Bändertone bezeichneten eiszeitlichen Ablagerungen finden ihre Ursache im Wechsel von Wärme und Kälte und informieren infolgedessen über klimatische Geschehnisse, doch liefern sie daneben noch etwas anderes: exakte Zeitangaben in Jahren. Im Sommer bringt die Sonnenwärme einen Teil des Eises zum Schmelzen. Das Wasser fließt ab und spült dabei alle möglichen fein zerteilten Stoffe mit sich fort. Schließlich tritt es am weitest vorgedrungenen, tiefstgelegenen Teil des Gletschers, der Gletscherzunge, heraus, hat aber keine Gelegenheit zum weiteren Abfließen, weil sich ihm der Wall der Stirnmoräne in den Weg stellt. Es sammelt sich im Zwischenraum und bildet einen Schmelzwassersee. Das aufgeschlämmte Material sinkt zu Boden, und zwar zuerst heller, sandreicher Lehm und Ton, hierauf dunkler, feiner Ton und schließlich ganz feine, dunkle Substanzen, die reich an organischen Abbauprodukten sind. Nach einer Pause im Winter beginnt der Zyklus der Sedimentation von neuem (Abb. 34). Solche Ablagerungen findet man in Schweden, Finnland, Dänemark und Norddeutschland; man bezeichnet sie mit dem schwedischen Wort „Varven".

Im allgemeinen beginnt jede Lage unten mit hellem Braun und hört oben mit tiefem Schwarz auf. Die Streifen sind meist einige Millimeter bis einige Zentimeter dick, doch kommen gelegentlich auch viel größere und viel kleinere vor — manchmal auch solche, die nur mit Hilfe der Lupe zu unterscheiden sind. Varven entstanden nicht nur im letzten Eiszeitalter, während des Pleistozäns — es sind auch solche aus alten Vereisungsperioden, etwa aus dem Karbon oder aus dem Kambrium und dem Abschnitt davor, dem Präkambrium, bekannt. Außerdem gibt es auch gebänderte Ablagerungen, die nicht auf Eiszeiten zurückgehen. Sie können verschiedenartigen, beispielsweise chemischen oder biologischen, Ursprung haben. Auch aus dem Wasser, aus Seen, und aus dem Meer haben sich Ablagerungen mit Jahresmarken gebildet. Keines dieser Vorkommen hat aber auch nur annähernd die Bedeutung erlangt, die den oben beschriebenen aus dem Pleistozän zukommt.

Der schwedische Geochronologe GERARD DE GEER erkannte
als erster, daß die Varven einen inhaltsreichen Kalender abgeben.
Seit 1878 arbeitete er an der Verwertung dieses Gedankens. Im

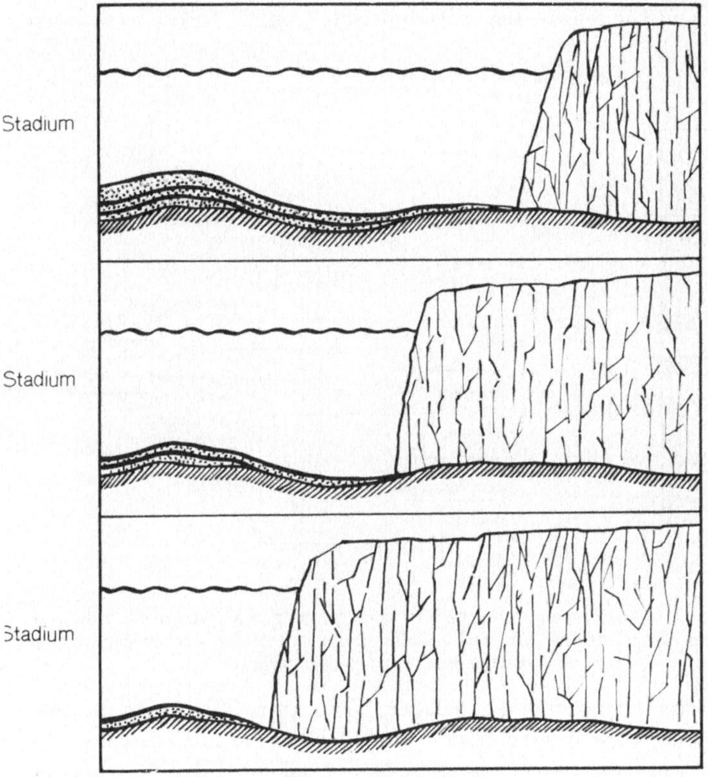

Abb. 34. Die Bildung von Varven beim Rückzug des Eisrandes in einem
Staubecken

wesentlichen besteht seine Methode darin, die Bänder zu zählen;
das Resultat ist die Zahl der Jahre seit der Bildung der Stirnmoräne. Natürlich gehört aber auch hier zur richtigen Anwendung
und Auswertung das umfassende Wissen über alle mitspielenden
geologischen Abläufe.

Der Bändertonkalender liefert aber mehr als einige leere Jahreszahlen für verhältnismäßig kurzdauernde Vorgänge. Ähnlich wie

die Folge der Baumringe verrät er manches über das Klima, denn
er ist ja eine direkte Folge der jahreszeitlichen Temperaturverände-
rungen. Heiße Sommer, die viel Schmelzwasser hervorbringen,
erzeugen dicke Varvenschichten, kalte Sommer, in denen es zu
keinem nennenswerten Aufschmelzen kommt, äußern sich durch

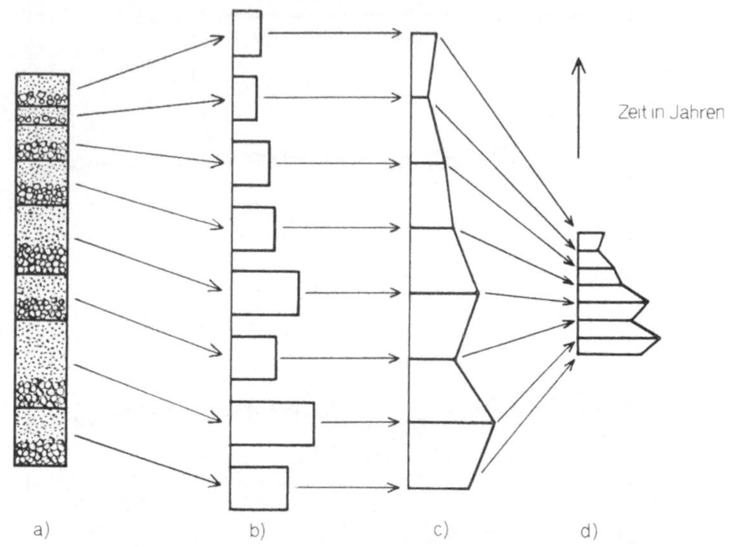

Abb. 35 a—d. Entstehung eines Varvendiagramms: a Varvenprofil, b die einzelnen Abschnitte um 90 Grad gedreht, c die Höhen der Varven nach rechts
aufgetragen, d Varvendiagramm

verschwindend dünne abgelagerte Schichten. Trägt man die auf-
einanderfolgenden Schichtdicken als Abstände von einer Grund-
linie mit Jahreseinteilung auf, dann erhält man den Verlauf der
durchschnittlichen Sommertemperaturen in zeichnerischer Wie-
dergabe (Abb. 35).

Natürlich ist die Schichtdicke der Varven kein absolutes Maß
für die Temperatur, aber der Wechsel von einer dünneren zu einer
dickeren Lage bezeugt eindeutig einen Anstieg der Sommerwärme,
und der Wechsel von einer dickeren zu einer dünneren Schicht
weist auf einen Abfall hin.

Die Breitenunterschiede der Varven erlauben es, Varvendiagramme verschiedener Orte aneinanderzufügen, sie zu ver-

zahnen, wie das bei den Baumringen geschieht (Abb. 36). Vorteilhaft wirkt sich dabei aus, daß die Vorstöße und Rückzüge des
Eises nicht überall zur gleichen Zeit erfolgten. So finden sich meist
die Spuren eines Gletschers, der sich noch im Rückzug befand,
gleichzeitig mit solchen eines anderen, der bereits wieder beginnt,
sich vorwärts zu schieben.

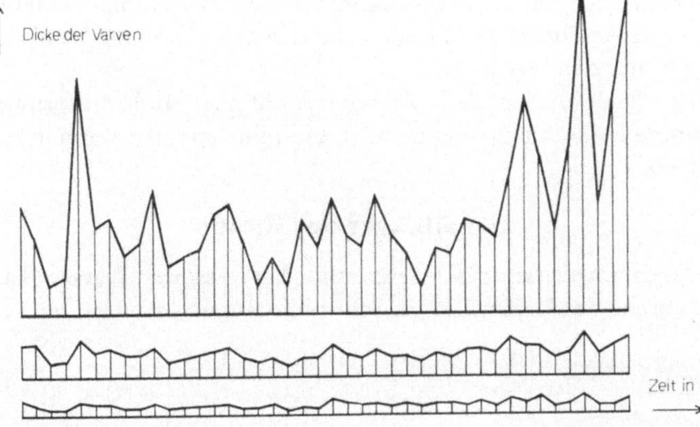

Abb. 36. Varvendiagramme aus derselben Zeit von drei verschiedenen Stellen
am unteren Angermanelf (nach LIDÉN)

DE GEER und seinen Mitarbeitern ist es gelungen, für Schweden
und Finnland eine absolute Chronologie für die letzten 15 000 Jahre
zu schaffen. Sie verfolgten Varvenprofile entlang einer 800 Kilometer langen Linie von Süden nach Norden und erfaßten den ge-
samten Rückzug des Eises der letzten Eiszeit bis zur Gegenwart.
Für die kurzfristige warme Alleröd-Schwankung ergaben sich
zwei Phasen, die erste mit besonders raschem Rückzug des Eises
um 12 200 Jahre vor der Gegenwart, die zweite, etwas weniger
effektvolle, um 11 880 vor der Gegenwart. Für ihren endgültigen
Rückzug benötigten die Gletscher etwa 5000 Jahre. Als der Eisrand im Südjämtland, in der Nähe der heutigen mittelschwedischen
Stadt Ragunda, angelangt war, teilten sich die Gletscher in zwei
Teile. Dieses Ereignis, mit dem sich die eiszeitliche Eisdecke aufzulösen begann, nahm DE GEER als Ende der Eiszeit. Als
Kennzeichen dafür fand er eine außergewöhnlich dicke Varve,

die er als Folge des Ablaufens des gestauten Wassers auf Grund der Teilung deutete. Sie ließ sich später datieren, und damit war ein auf das Jahr genaues Datum gefunden, das man als den Beginn der Nacheiszeit verwendet: das Jahr 6839 vor Christi.

Ähnliche Erfolge führten zu einer detailreichen Übersicht über die einzelnen Rückzugsphasen des Eises aus dem norddeutschen und dänischen Raum über Skandinavien, das Baltikum, das Gebiet der heutigen Ostsee und Finnland bis zu seinen heutigen Regionen weit hinter dem Polarkreis.

Als Fehlerquelle der Varvenchronologie sind witterungsbedingte Feinschichten zu nennen, die Jahresmarken vortäuschen können.

12. Lößlager der Eiszeit

Durch abwechselndes Frieren und Auftauen des Wassers kam es während der Kältezeiten zu Schuttbildung und zu weiterer Zer-

Abb. 37. Bändertonschichten aus dem südlichen Finnland (nach WOLDSTEDT 1964)

kleinerung der Gesteine bis zur Bildung von Staubteilchen. Diese wurden von Eis und Wasser fortgetragen, aus den Eissedimenten und dem Schmelzwassersand nahm sie der Wind auf und transportierte sie weit fort, denn über den Eisdecken bildeten sich oft klimatische Hochdruckzonen, von denen beständige Winde ausgingen. Sie trugen den Staub zu den Niederungen. Dort wurde er abgesetzt, und es entstand eine Ablagerung aus der Luft, der Löß (Abb. 37). Solche Erscheinungen lassen sich auch heute noch in der Umgebung von Wüsten beobachten, aus denen Staub verweht wird.

Tabelle 2. *Die Folge der Lößschichten und ihre Zuordnung zu den Phasen der alpinen Vereisung (nach* Zeuner*)*

Jahrtausende vor der Gegenwart	alpine Vereisungen	Lößschichten
0		Verwitterungsschicht
	Würm III	junger Löß 3
50		Verwitterungsschicht
	Würm II	junger Löß 2
100		Verwitterungsschicht
	Würm I	junger Löß 1
150	Interglazial	Verwitterungsschicht
200	Riss II	oberer alter Löß
		Verwitterungsschicht
	Riss I	mittlerer alter Löß
250		
300	Interglazial	Verwitterungsschicht
350		
400		
450	Mindel II	tiefer alter Löß
	Mindel I	
500	Interglazial	
550	Günz II	
600	Günz I	

Löß ist ein Lockergestein von tonähnlichem Aussehen, das aus kalkreichem Quarzstaub besteht. Er besitzt alle chemischen Voraussetzungen dazu, sich in fruchtbaren Boden umzuwandeln; unter günstigem Klima entsteht aus ihm beispielsweise die Schwarzerde. Der Löß und seine Verwitterungsprodukte bedecken weite Gebiete von West-, Mittel- und Osteuropa und setzen sich durch ganz Asien fort (vgl. Abb. 10).

Als vom Wind gebildete Ablagerung findet sich Löß auch dort, wo er vom fließenden Wasser schwer erreicht wird, und ist daher der Gefahr, weggeschwemmt und umgelagert zu werden, viel weniger ausgesetzt als andere ähnliche Gesteine. So ist er als Kennzeichen für Kältezeiten ein ideales Mittel der Stratigraphie. Oft finden sich dicke Lößschichten, zwischen die, wie bei den Eiszeitschottern, typische Warmzeitablagerungen eingeschaltet sind. Auch die Parallelisierung mit anderen Spuren und Überbleibseln des Eiszeitalters gelang gut. Wo Lößlager in enger Nachbarschaft mit Eiszeitschottern zu finden sind, läßt sich leicht über Gleichzeitigkeit, Vor- oder Nacheinander entscheiden (Tabelle 2).

Der Löß ist reich an von Menschen und Tieren stammenden Einschlüssen. Seine fruchtbaren Gebiete waren von vielerlei Tieren bevölkert, und der Mensch folgte den Herden. Moschusochse und Ren, Mammut und Lemming sind nur einige Beispiele für Tiere, deren Knochen immer wieder aus den Lößschichten ans Tageslicht treten und die eine biochronologische Kontrolle gestatten. Dazu kommen noch die Werkzeuge des Menschen, durch die sich die Verbindung mit den vorgeschichtlichen Kulturen herstellen läßt.

13. Seehöhen als Zeitmarken

Die Seehöhe ist eine Größe, deren Änderungen sich ungewöhnlich stark auswirken. Überall dort, wo die Küsten flach ins Meer auslaufen, legt schon ein verhältnismäßig schwaches Absinken weite Gebiete frei, ein ebenso geringfügiges Ansteigen zieht großflächige Überschwemmungen nach sich. Aus vielen Anzeichen ist zu ersehen, daß die Schwankungen des Wasserstands durchaus nicht unbeträchtlich waren. Beweise dafür sind etwa Meeresablagerungen oberhalb des heutigen Meeresspiegels oder auch Wasserstandsmarken, die nur an der Grenzfläche von Luft und

Wasser, meist unter dem Einfluß der einstürmenden Wellen als horizontale Kerben oder Reihen von Küstenhöhlen entstehen.

Worauf ist das Steigen und Fallen des Meeresspiegels zurückzuführen? Es liegt nahe, die wechselnd starken Vereisungen als

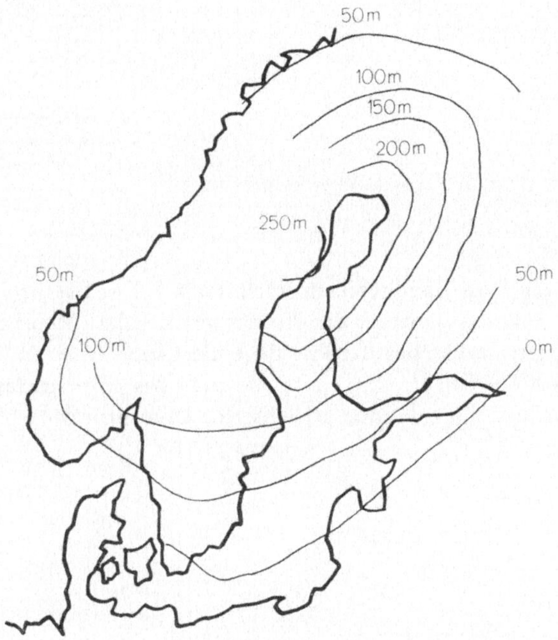

Abb. 38. Der baltische Raum senkte sich während des Eiszeitalters infolge des Eisdrucks, dadurch stieg der Meeresspiegel an den Küsten empor. Inzwischen hat sich diese Region wieder gehoben. In der Landkarte ist der Aufstieg seit ungefähr 6800 v. Chr. eingezeichnet (nach SAURAMO)

eine Ursache dafür anzusehen. Dem Meer fehlt das Wasser, das in gefrorenem Zustand als Gletschereis auf den Bergen liegt und als Inlandeis in die Ebenen eingedrungen ist. Kältezeiten sollten sich also durch einen tiefen, Wärmezeiten durch einen hohen Meeresspiegel äußern.

Unabhängig von dem Steigen und Sinken des Meeres kommen aber andere Vorgänge vor, die Irrtümer veranlassen können — Hebungen und Senkungen von Kontinenten. Eine über dem

gegenwärtigen Meeresspiegel liegende Wasserstandsmarke kann
bedeuten, daß das Meer früher mehr Wasser enthalten und sich
inzwischen gesenkt hat, aber ebensogut, daß sich das Land gehoben
hat. Es ist die Aufgabe des Geologen, zu entscheiden, welcher der
beiden Fälle tatsächlich vorliegt. Insbesondere kann das Steigen

Tabelle 3. *Der Wasserstand in verschiedenen*

	Nord-ägypten	Algerien	Marokko	Süd-frankreich
Sizilium	80—100	103 m	90—100 m	90—100 m
Millazzium	56 m	∼ 60 m	53—60 m	55—60 m
Tyrrhenium	∼ 40 od. 30 m	∼ 30 m	25—30 m	28—32 m
Mittleres Monastirium	15—20 m	18—20 m	∼ 12—15 m	18—20 m

und Sinken von Landgebieten auch vom Eis selbst beeinflußt
werden, denn das Gewicht der oft mehrere hundert Meter dicken
Eisschichten drückt das darunterliegende Land hinab, so daß es
tiefer ins Meer taucht. Umgekehrt bewirkt das Abschmelzen des
Eises ein Aufsteigen des nun erleichterten Untergrunds (Abb. 38).

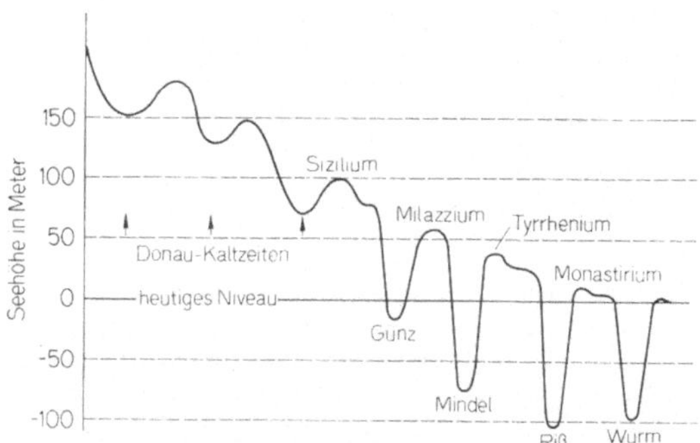

Abb. 39. Die Schwankungen des Meeresspiegels im Quartär (stark schematisiert, in den älteren Abschnitten unsicher, nach WOLDSTEDT)

Gelingt es, den Einfluß von Hebungen und Senkungen zu berücksichtigen, so sind Wasserstandsmarken des Meeres gute Hilfsmittel für indirekte Datierungen. Da sich der Wasserspiegel des
Meeres über die ganze Erde hinweg ausgleicht, ist die Seehöhe
eine weltweit konstante Größe. Der englische Geochronologe

Frederic E. Zeuner schlug deshalb vor, mit ihrer Hilfe zu prüfen, ob Eiszeiten die ganze Welt gleichzeitig erfassen oder nur lokale Erscheinungen sind.

Es ist nun nicht allzu schwer, alte Hochwasserstände festzustellen, da ihre Spuren deutlich zu sehen sind. Sie entsprechen den

Regionen der Welt im Pleistozän (nach Zeuner)

Jersey	Nord-frankreich	Süd-england	Pazifischer Ozean	Nord-amerika	Mittel-wert
	103 m	~ 96 m	~ 97 m	81 m	100 m
	56—59 m	~ 60 m	73,5—75 m	65 od. 49 m	60 m
32—34 m	32—33 m	36,5 od. 33,5	27—30 m	29 m	32 m
18 m	18—19 m	15—18 m	19,5—21 m	20 m	18 m

Intervallen, in denen das Eis abgeschmolzen war, also den mehr oder weniger ausgeprägten Zwischeneiszeiten. Tatsächlich verlief, wie Tabelle 3 zeigt, der Anstieg auf der ganzen Welt bemerkenswert gleichförmig. In ihr treten die Namen Sizilium, Milazzium, Tyrrhenium und Monastirium auf; sie sind Begriffe einer Zeiteinteilung, die sich nach den Überflutungen richten, und den Bezeichnungen jener Meere entnommen, die für die jeweilige Periode typisch waren (Abb. 39).

Viel schwieriger ist es, die Marken von Niedrigwasserständen zu erkennen, da sie heute vom Meer bedeckt sind. Immerhin aber ist es in Einzelfällen geglückt, und zwar vor allem mit Hilfe der Ablagerungen, die die Flüsse in der Nähe ihrer Mündungen ins Meer abladen.

Die Zuordnung der Bildungsphasen in warmem und kaltem Klima unterscheidet sich von jener der Flußterrassen am Rand der Eisregion, die zur ersten Untergliederung des Eiszeitalters führten. Der Vorgang der Absetzung erfolgt während der Zwischeneiszeit, jener des Einschneidens während der Eiszeit. Der Grund dafür ist leicht zu erklären: Bei hohem Wasserstand während der Wärmeperiode bildet der Fluß infolge des Rückstaus vor der Mündung unter Wasser eine Ansammlung von Schotter und Sand. Bei niedrigem Wasserstand wird diese zu trockenem Land. An ihrem vorgeschobenen Ende, wo ihre Neigung am stärksten ist, gräbt sich der Fluß ein, und zwar bis zur Tiefe des Meeresspiegels.

Der Grund dieser oft schluchtartigen Taleinschnitte ist also eine Marke für tiefe Wasserstände. Sie können durch Wiederholungen des beschriebenen Vorgangs heute längst überdeckt sein, doch findet man sie unter glücklichen Umständen auch noch jetzt, wie das etwa bei der Themse der Fall ist. Die Ergebnisse bestätigen die Anschauung, daß niedrige Wasserstände den Höhepunkten der Eiszeiten entsprechen.

Nebenbei sei auf die Wichtigkeit der Niedrigwasserstände für die Verbreitung der Tiere hingewiesen — sie gaben ihnen oft Gelegenheit, durch Landverbindungen die Regionen heutiger Inseln zu besiedeln.

Derzeit ist der Meeresspiegel wieder im Ansteigen begriffen, er hebt sich jedes Jahrhundert um rund 20 Zentimeter. Wenn das Schmelzen des Eises in diesem Tempo weitergeht, würde es ungefähr 15 000 Jahre dauern, bis das gesamte Eis der Erde abgeschmolzen wäre. Der Meeresspiegel läge dann rund 50 Meter höher, und Städte wie London und Paris wären teilweise überflutet. So weit muß es aber nicht kommen: Manche Forscher nehmen an, daß später wieder eine Umkehrung folgen wird, daß wir also eine neue Eiszeit zu erwarten haben, die in etwa 50 000 Jahren ihren Höhepunkt finden dürfte. Dann würde sich das Wasser in Form von Eis wieder in den Polgebieten und auf den Gebirgen sammeln und dem Meer entzogen werden. Der Meeresspiegel würde wieder sinken.

14. Die Strahlungskurve

Den wichtigsten Einfluß auf die Erde, auf ihr Klima und ihr Leben übt die Sonnenstrahlung aus. Wenn wir zunächst einmal von den Einwirkungen von Luft und Wolken absehen, beträgt die Energiemenge, die mit ihr in jeder Minute zur Erde kommt, $2,552 \times 10^{15}$ (2,552 Millionen Milliarden) Kilokalorien; eine Kilokalorie ist jene Wärmemenge, die notwendig ist, ein Kilogramm Wasser um ein Grad zu erwärmen. Pro Quadratzentimeter Erdoberfläche, die der Sonne zugewandt ist, entspricht das durchschnittlich zwei Kalorien, das sind zwei Tausendstel Kilokalorien. Die Strahlenintensität jedes Punktes der Erdoberfläche ist theoretisch hauptsächlich von seiner Entfernung von der Sonne ab-

hängig und vom Winkel, unter dem die Strahlen auf der Erde ein-
fallen. Diese Daten sind aus der Astronomie bekannt. Wie sie uns
verrät, ist die Bahn, auf der sich die Erde um die Sonne bewegt,
kein Kreis, sondern eine Ellipse. Von der Form dieser Ellipse, die
die Erde im Jahr einmal durchläuft, hängt es ab, welche Wärme-
mengen im Laufe der 365 Tage überhaupt auf die Erde gelangen.
Die Abweichung von der Kreisform ist allerdings nicht groß, die
dadurch verursachten jahreszeitlichen Temperaturschwankungen
werden völlig von den Einflüssen einer anderen Größe überdeckt
— es ist der Neigungswinkel zwischen der Ebene, in der die Erdbahn liegt, und der Äquatorebene. Durch ihn kommen die regio-
nalen Unterschiede zwischen Sommer und Winter zustande.

Alle diese Kennzeichen der Erdbewegung sind nun keineswegs
konstant. Die Ellipsenform der Erdbahn pulsiert in Perioden von
92 000 Jahren (Abb. 40 a), die Erdbahnellipse dreht sich in der
Bahnebene, und zwar in 21 000 Jahren einmal rundherum (Abb.
40 b), der Neigungswinkel zwischen der Erdbahnebene und der
Äquatorebene schwankt in Perioden von 40 000 Jahren (Abb. 40 c).
Diese variablen Größen sind für die langfristigen Änderungen der
Sonnenenergie maßgebend, welche die einzelnen Teile der Erdoberfläche erreicht. Die Einstrahlungsenergie ist einer von mehreren Posten der atmosphärischen Energiebilanz, die das Klima
dieses Teils der Erde mitbestimmt.

Der serbische Mathematiker M. MILANKOVICH errechnete daraus mathematisch exakte Strahlungskurven. Schon im Jahre 1924
lagen die Diagramme für die letzten 650 000 Jahre vor. Das spezielle Problem, das diese Kurven erklären sollten, ist das der Eiszeiten. Für diese ist weniger das Winterklima als die Sommerwärme maßgebend — Serien von kalten und niederschlagsreichen
Sommern, die das Eis bis zum Herbst bewahren, sind die wichtigsten Ursachen für Eiszeiten. Aus diesem Grund leitete MILANKO-
VICH seine Kurven für die Sommerhalbjahre ab, und zwar gab
er drei davon an: Für 55°, für 60° und 65° nördlicher Breite
(Abb. 41).

Die deutschen Forscher W. KÖPPEN und A. WEGENER und
später auch W. SOERGEL versuchten nun, diese Ergebnisse mit
jener Gliederung des Eiszeitalters in Einklang zu bringen, die
damals bekannt war, der Teilung in Günz-, Mindel-, Riß- und

Würm-Eiszeit. Tatsächlich sind im Temperaturverlauf vier Stellen
zu erkennen, an denen die Zacken besonders tief hinunterreichen,

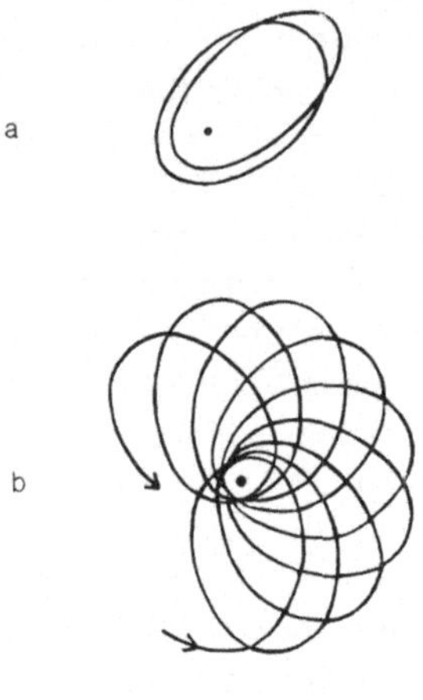

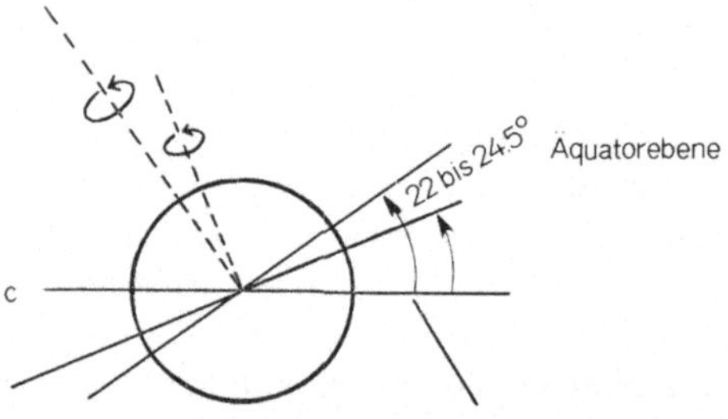

Abb. 40 a—c. Die veränderlichen Größen der Erdbahn (schematisch, alle Maße
stark übertrieben). a Pulsation der Ellipsenbahn der Erde um die Sonne,
b Drehung der Erdbahnellipse in ihrer Bahnebene, c Schwankungen des Win-
kels zwischen Äquator- und Erdbahnebene

und es schien angemessen, diese vier Kältetiefs mit den vier Eiszeiten zu korrelieren. Das schien auch deshalb berechtigt zu
sein, weil sich die Pause zwischen dem zweiten und dem dritten

Kälteminimum als länger erwies als die zwischen den anderen —
und das stimmt ganz gut mit den Erfahrungen aus der Geologie
überein, wonach zwischen der Mindel- und der Riß-Eiszeit eine
lange Zwischeneiszeit liegen dürfte.

An die „astronomische Methode" der Datierung des Pleistozäns wurden seinerzeit hohe Erwartungen geknüpft. Heute steht
fest, daß sie allein nicht zur Erklärung der Eiszeiten genügt.

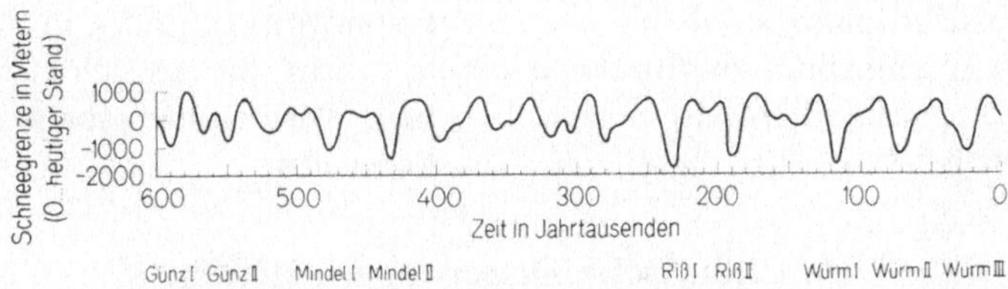

Abb. 41. Die Strahlenkurve von MILANKOVICH, ausgedrückt durch die Schwan-
kung der Schneegrenze für die nördliche Halbkugel (bis 55 Grad Nord —
nach WOLDSTEDT)

Die Temperatur hängt nicht nur von der eingestrahlten Wärmemenge ab, vielmehr greifen atmosphärische und geographische
Faktoren wirksam ins Geschehen ein. Wahrscheinlich gibt es
Situationen, in denen die Erde besonders anfällig für den Prozeß
der Vereisung ist. Damit in Zusammenhang scheint die Gebirgsbildung zu stehen — im Laufe der Erdgeschichte folgten die
Kältezeiten meist den Phasen der Gebirgsbildung. Diese ist mit
einer Reduktion der Meere verbunden, und das bedeutet nicht
nur Verkleinerung der strahlenabsorbierenden Meeresoberfläche,
sondern auch Verdichtung der rückstrahlenden Wolkendecke.
Die erhöhte Reflexion des Sonnenlichts ist wohl eine der Haupt-
ursachen für das Eintreten von Kälteperioden. Eine anhaltende
Klimabesserung ist erst dann zu erwarten, wenn sich die Erdoberfläche durch Erosion eingeebnet hat und weite Teile wieder
vom Meer bedeckt sind.

Wenn die astronomischen Größen auch nichts mit den Ursachen der Eiszeiten zu tun haben, so können sie doch für die
relativen Temperaturänderungen während des Eiszeitalters mit-
verantwortlich sein. Berücksichtigt man noch die Einflüsse anderer
Erscheinungen, so besteht die Aussicht, mit der astronomischen

Methode doch noch zum Erfolg zu kommen. Einen Versuch in dieser Richtung unternahm W. S. BROECKER. Er nahm an, daß die wechselnde Neigung der Erdachse nicht im selben Maß zu berücksichtigen ist wie die Präzession, und daß die Gletscherbewegung den Strahlungswerten um rund 3000 Jahre nachhinkt; somit wären große Ausschläge der Strahlungskurve nötig, um den Umschlag zur Vereisungstendenz und zurück hervorzurufen. Die daraus resultierende neue Kurve erscheint tatsächlich in mancher Hinsicht günstiger als die alte Kurve von MILANKOVICH, in der ein Wärmeoptimum vor 48000 Jahren auftritt, für das sich keine geologischen Hinweise fanden. Für diese Wärmespitze gibt es in den Broeckerschen Resultaten kein Anzeichen.

15. Chemische Datierungsmethoden

Eine Datierungsmethode, die nur Näherungswerte liefert, sich aber vor allem bei Altersbestimmungen von Menschenknochen als nützlich erwiesen hat, ist der Fluortest. Er stützt sich auf eine chemische Reaktion: Überall im Grundwasser gibt es Fluor in Form von fluorhaltigen Salzen. Kommt eine solche Lösung an Tier- und Menschenknochen oder -zähne heran, so verbindet sich das Fluor mit dem Calciumphosphat und bildet Fluorapatit. Diese Substanz ist wenig löslich und chemisch gut beständig. Sie sammelt sich im Laufe der Zeit im Knochen an, man kann dessen Fluorgehalt als direktes Maß für sein Alter ansehen. Für diese Methode sind nur 5—20 Milligramm Knochen nötig. Im allgemeinen wertet man einen Fluorgehalt von einem bis drei Prozent als Zeichen dafür, daß der Fund aus dem älteren Teil des Eiszeitalters stammt. Dagegen sollen Funde von einem Prozent Fluor dem späteren Eiszeitalter angehören.

Ein Fall, in dem sich der Fluortest bewährt hat, ist der schon angeführte Fund von Fontéchevade (Charente) aus dem Jahr 1947. In einer Schicht aus roter sandiger Erde fand man Geräte aus Feuerstein, mit deren Hilfe sich diese Schicht dem späten Acheuléen zuordnen ließ. Weiter enthielt die Schicht Knochen von zwei Rhinozerosarten, vom Damhirsch, der Hyäne, der Schildkröte und anderen. Demnach herrschte damals Steppenklima. Schließlich gehörten dieser Schicht auch ein menschliches

Schädeldach und ein menschlicher Stirnknochen an. Das Überraschende daran war, daß es sich nicht um den Schädel eines Neandertalers handelte, wie eigentlich zu erwarten gewesen wäre, sondern um einen Menschen, der eher Crô-Magnon-Kennzeichen besaß. Der Fluortest bestätigte das hohe Alter dieses Schädels — er stammt aus der letzten Zwischeneiszeit. Der Crô-Magnon-Mensch, und damit der *Homo sapiens*, stammt also bestimmt nicht vom Neandertaler ab. Vielmehr lebte er mit diesem gleichzeitig, vielleicht auch schon früher.

Der Fluortest liefert natürlich nur grobe Anhaltspunkte, Altersunterschiede von weniger als 10 000 Jahren sind mit ihm nicht festzustellen. Dagegen eignet er sich beispielsweise gut dafür, neolithische Knochenreste von solchen aus dem Acheuléen zu unterscheiden, wenn sie sich unter den gleichen Bedingungen am selben Platz erhalten haben.

Breiteren Kreisen wurde die Methode im Zusammenhang mit dem „Piltdown-Menschen" bekannt. Betrüger hatten präparierte Affenknochen mit echten fossilen Schädelfragmenten kombiniert und als bedeutenden Fund eines Zwischengliedes zwischen Affen und Mensch ausgegeben. Mit Hilfe des Fluortests wies K. P. OAKLEY die Fälschung nach.

Eine andere chemische Methode, die Stickstofftechnik, die 1947 in Nordamerika entwickelt wurde, beruht darauf, daß organische Materialien ihren in den Eiweißsubstanzen enthaltenen Stickstoff verlieren. Der Stickstoffgehalt nimmt ziemlich gleichmäßig ab; je weniger noch vorhanden ist, um so älter ist der Knochen. Weder beim Fluortest noch bei der Stickstofftechnik wird man sich allzusehr auf absolute Zahlenangaben verlassen, sondern lieber Vergleichsmessungen heranziehen.

Ein gutes Beispiel dafür ist eine Untersuchung, die P. OAKLEY vornahm, um Näheres über das Alter von zwei Schädeln aus der Flint-Jacks-Höhle in Cheddar, Somerset, in Erfahrung zu bringen.

	Fluorgehalt	Stickstoff
1. Schädel	0,05%	1,36%
2. Schädel	0,12%	1,25%
heutiges Vergleichsmaterial (Knochen)	0,03%	4,0%

Das Ergebnis bestätigt die Annahme, daß die beiden Schädel
aus der späten Steinzeit stammen.

Auf einem ähnlichen Prinzip beruht ein weiteres chemisches
Verfahren. Knochen und Zähne nehmen Uran aus dem Grundwasser auf und reichern es an. Der Urangehalt ist ein direktes
Maß für das Alter der Substanz. In Fundstücken von Swanscombe
fand man beispielsweise Uran im Verhältnis 27 zu einer Million.

16. Die radioaktive Uhr (Radiometrie)

Jeder Stoff ist aus Atomen aufgebaut. Atome bestehen aus
einem massereichen Kern und aus der Hülle von Elektronen, die
in einzelnen Schalen oder Energieniveaus aufgeteilt sind. Die
wesentlichen Bestandteile des Kerns sind Protonen und Neutronen, die sich dort — um ein Bild zu verwenden — in Form einer
Traube zusammendrängen. Die Protonen sind elektrisch positiv
geladen, die Neutronen haben keine elektrische Ladung, sonst
aber sind beide einander sehr ähnlich. Man darf sie als zwei verschiedene Arten ein und desselben Elementarteilchens auffassen,
das als Nukleon bezeichnet wird. Da in ihnen der Großteil der
Atommasse steckt, nennt man die Zahl der Nukleonen im Kern
Massenzahl.

Bei neutralen Atomen ist die Zahl der Protonen derjenigen der
Elektronen gleich. Da Protonen je eine positive Ladung tragen
und Elektronen einfach negative Ladungen sind, heben sich ihre
elektrischen Wirkungen gegenseitig auf. Physik und Chemie haben ergeben, daß die chemische Eigenart der Atome nur von der
Zahl der in ihrem Besitz befindlichen Elektronen abhängt. Man
nennt Stoffe, deren Atome in neutralem Zustand dieselbe Anzahl
von Elektronen haben, chemische Elemente. Sie verhalten sich
chemisch einheitlich, obwohl sich ihre Atomkerne voneinander
unterscheiden können, nämlich durch verschiedene Zahlen von
Neutronen. Besteht ein Stoff aus lauter Atomen, die nicht nur die
gleiche Kernladungszahl, sondern auch gleich viele Neutronen
aufweisen, dann bezeichnet man ihn als Isotop. Chemische Elemente sind gewöhnlich Isotopengemische. Um die verschiedenen
Isotope eines chemischen Elements zu kennzeichnen, setzt man
ihre Massenzahlen hochgestellt vor das Buchstabensymbol.

Nehmen wir Uran als Beispiel. Seinen chemischen Charakter
erhält es durch die Kernladungszahl 92. Es verfügt also über 92
Protonen und 92 Elektronen. Die Zahl seiner Neutronen und damit seine Massenzahl können aber verschieden sein. Normaler-
weise tritt es als Gemisch aus den Isotopen ^{232}U, ^{233}U, ^{234}U, ^{235}U,

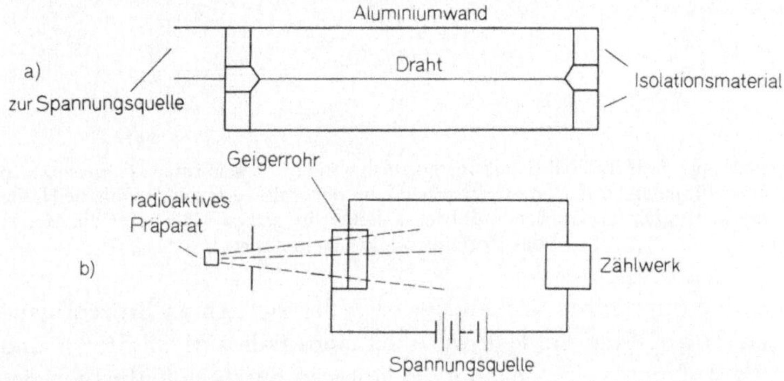

Abb. 42 a u. b. a Geigerzählrohr (schematisch). Zwischen der Metallwand des
gasgefüllten Rohres und einem im Zentrum gespannten Draht ist elektrische
Spannung angelegt. Tritt ein radioaktives Teilchen durch die Wand, so schlägt
es aus den Molekülen, die es trifft, elektrische Ladungen heraus. Diese folgen,
sich beschleunigend, dem elektrischen Feld, reißen selbst Ladungen aus den-
jenigen Molekülen heraus, die sie anstoßen, und bilden so ganze Lawinen aus
stürzenden Ladungen. Auf diese Weise wird ein Stromstoß angeregt, der dazu
benützt werden kann, ein Zählwerk zu betreiben. b Schema einer Anordnung
für die Intensitätsmessung der Radioaktivität. Jedes durch das Zählrohr flie-
gende Teilchen löst einen Stromstoß aus, und jeder Stromstoß schiebt das
Zählwerk um eine Einheit weiter

^{237}U, ^{238}U und ^{239}U auf. Manche Atomkerne sind nicht stabil,
sondern sie sind radioaktiv, das heißt, sie zerfallen spontan. Als
Zerfallsprodukte treten größere und kleinere Bruchstücke der
Atomkerne, einzelne Elementarteilchen sowie elektromagnetische
Wellen auf. Man faßt sie unter dem Namen radioaktive Strahlung
zusammen. Ihre Art und ihre Intensität lassen sich mit physika-
lischen Geräten feststellen, beispielsweise mit Hilfe des bekannten
Geigerzählers (Abb. 42), und sind charakteristische Kennzeichen
der Isotope.

Die Radioaktivität ist das bekannteste und erfolgreichste Hilfsmittel der absoluten Datierung. Der radioaktive Zerfall ist

dadurch gekennzeichnet, daß in derselben Zeitspanne, der „Halbwertszeit", stets die Hälfte der noch vorhandenen Atome zerfällt. Eine Halbwertszeit nach dem Beginn sind noch 50 Prozent radio-

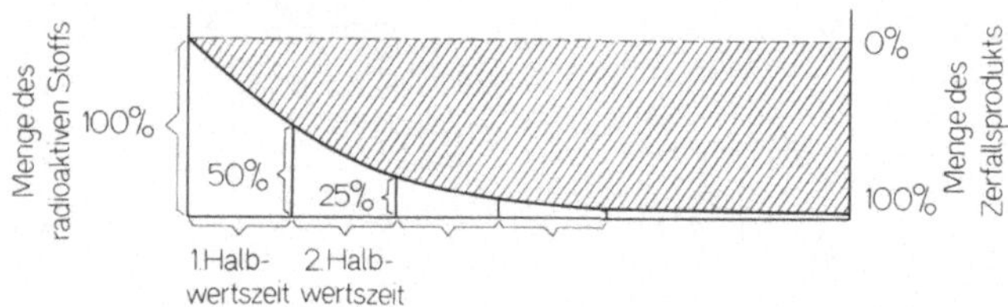

Abb. 43. Jede radioaktive Substanz folgt einem bestimmten Zeitgesetz: In einer für jeden Stoff charakteristischen Zeit, der Halbwertszeit, zerfällt die Hälfte der anfänglich vorhandenen Substanzmenge; im selben Maß steigt die Menge des Zerfallprodukts (schraffiert)

aktive Substanzen vorhanden, nach der zweiten 25 Prozent usw. (Abb. 43). Sind die Halbwertszeit eines radioaktiven Stoffes und die Anfangsmenge bekannt, so läßt sich durch eine Messung der Restmenge die Zeit feststellen, die seit Beginn des Prozesses vergangen ist.

Tabelle 4. *Zur Datierung geeignete langlebige radioaktive Isotope* (nach H. MEIER)

radioaktives Isotop	Isotopenhäufigkeit (%)	Endisotop	Halbwertszeit (Jahre)
Uran-238	99,285	Blei-206	$4,51 \cdot 10^9$
Uran-235	0,710	Blei-207	$7,13 \cdot 10^8$
Thorium-232	100	Blei-208	$1,39 \cdot 10^{10}$
Kalium-40	0,0118	Calcium-40	$1,47 \cdot 10^9$
Kalium-40	0,0118	Argon-40	$1,19 \cdot 10^{10}$
Rubidium-87	27,85	Strontium-87	$5,0 \cdot 10^{10}$
Rhenium-187	62,9	Osmium-187	$6,2 \cdot 10^{10}$
Lutetium-176	2,6	Hafnium-176	$2,2 \cdot 10^{10}$

Ein chemisches Element kann neben einigen stabilen Isotopen auch mehrere radioaktive besitzen, die sich in ihren Halbwertszeiten unterscheiden (s. Tabelle 4). Uran-234 hat eine Halbwertszeit von 250000 Jahren, Uran-235 eine solche von 880 Millionen Jahren und Uran-238 eine von 4400 Millionen Jahren. Vom Kohlenstoff sind einige stabile Isotope bekannt, von denen ^{12}C das weitaus häufigste ist, es existiert aber auch ein natürliches radioaktives Isotop ^{14}C, Radiokohlenstoff, nach dem Englischen häufig auch Radiokarbon genannt. Seine Halbwertszeit beträgt 5568 Jahre.

Ergebnisse radiochronologischer Datierung werden meist mit Fehlergrenzen angeführt. Bei einer Angabe 4740 $\pm$ 90 Jahre bedeutet 90 den sogenannten ‚einfachen mittleren Fehler‘. Das heißt: der angegebene Fehlerbereich — 4650 bis 4830 Jahre — schließt den wahren Wert mit 68prozentiger Wahrscheinlichkeit ein. Daß sich der wahre Wert außerhalb eines durch den ‚doppelten mittleren Fehler‘, 180 Jahre, gegebenen Bereiche — 4560 bis 4920 Jahre — befindet, ist schon äußerst unwahrscheinlich. Manchen stört die Unsicherheit solcher Angaben, aber dabei übersieht er wohl, daß die Zuverlässigkeit der Altersangaben von Historikern und Archäologen in vielen Fällen ganz unbekannt ist. Wo auf andere Art keine genaueren Daten zu erhalten sind, bedeuten solche mit bekannten Fehlergrenzen behafteten einen beachtenswerten Fortschritt.

17. Die Radiokohlenstoffmethode

Von der Sonne, aber auch aus den Tiefen des Weltraums gelangt ununterbrochen eine äußerst energiereiche Strahlung zur Erde, die kosmische Strahlung, auch als Höhen- oder Weltraumstrahlung bezeichnet. Wenn sie Atomkerne der Atmosphäre trifft, kann sie Kernreaktionen verursachen, wobei unter anderem Neutronen frei werden. Stößt ein solches Neutron mit einem Stickstoff-14-Kern zusammen, so kann es diesen in einen Kohlenstoff-14-Kern verwandeln. Das Isotop ^{14}C ist unstabil; nach und nach zerfällt es wieder in ^{14}N (Abb. 44). Durch stetige Nachbildung und Zerfall ist es auf der Erde zu einem Gleichgewicht gekommen. Insgesamt befinden sich im Raum der Erde 80 Tonnen Radiokohlenstoff; jedes Jahr bilden sich etwa zehn Kilogramm neu, und ebensoviel zerfallen wieder. Diese Mengen sind äußerst klein; nur 0,03 millionstel Prozent des in der Luft als Kohlendioxid CO_2 vorhandenen Kohlenstoffs liegt als ^{14}C vor.

Das Kohlendioxid spielt eine ausschlaggebende Rolle im Kreislauf der organischen Stoffe. Die Pflanzen entnehmen ihm den

Kohlenstoff zum Aufbau ihrer organischen Körpersubstanz. Unter
den vielen inaktiven Kohlenstoff-12-Atomen, die im Kohlendioxid
enthalten sind, befindet sich aber auch jener kleine Prozentsatz
an Kohlenstoff-14, der durch die Höhenstrahlung entstanden
ist und sich mit Sauerstoff zu CO_2 verbunden hat.
Da er sich chemisch nicht vom normalen Kohlenstoff unterscheidet,
ist er allen Reaktionen genauso unterworfen wie dieser. Er
kommt im Pflanzenkörper in genau demselben Prozentsatz vor
wie in der Luft, und da jede Tiernahrung letzten Endes auf pflanzliche
Nährstoffe zurückgeht, ist er auch im tierischen und natürlich

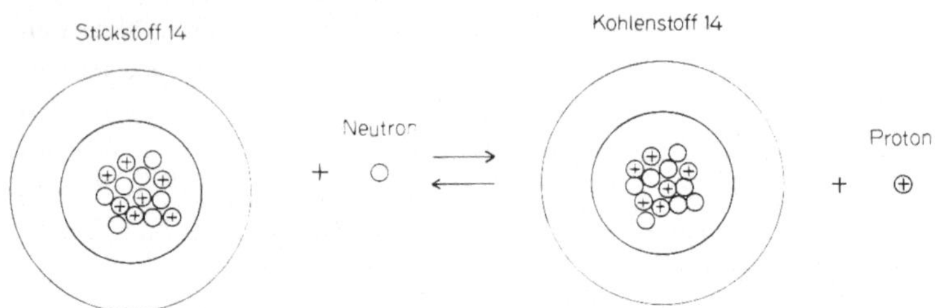

Abb. 44. Schema der Entstehung (→) und des Zerfalls (←) von Radiokohlenstoff

auch im menschlichen Körper in diesem festen Prozentsatz vertreten.
Das ändert sich erst, wenn der Organismus dem Austausch
mit dem Kohlendioxid der Luft entzogen ist — wenn er abstirbt
und von Erdschichten überdeckt wird (Abb. 45). Die zerfallenden
Kohlenstoffatome werden nicht mehr ersetzt, ihre Zahl nimmt
nach dem Zerfallsgesetz für radioaktive Stoffe ab, und gleichzeitig
sinkt die Strahlungsintensität.

Radiokohlenstoff ist von seiner Entdeckungsgeschichte her eine
Besonderheit. Zunächst wurde er durch Kernumwandlung künstlich
erzeugt, und erst später, 1946, stellte der amerikanische Chemiker
W. F. LIBBY fest, daß es auch in der Natur vorkommt.
Gleich danach wies er auch auf die Perspektiven hin, die es der
Chronologie eröffnet: Eine Messung der Strahlenintensität genügt
prinzipiell, um organische Fundgegenstände zu datieren. Holzkohle,
Knochen, Zähne, Klauen, Geweihe und dergleichen. Die
Halbwertszeit des Radiokohlenstoffs ist so bemessen, daß der
erfaßte Zeitbereich günstig liegt — er reicht bis zu etwa 45 000

72

Jahren zurück. Die Messungen erwiesen sich leider als kompliziert. Das liegt vor allem an den winzigen Mengen radioaktiven Kohlenstoffs sowie an der äußerst energiearmen Strahlung, die die ^{14}C-Atome aussenden. Sie ist schwächer als der ständige Störuntergrund der Höhenstrahlung, und so kommt es, daß zur Intensitätsmessung nicht nur besonders präzis arbeitende Instrumente, sondern auch besondere Abschirmmaßnahmen nötig sind.

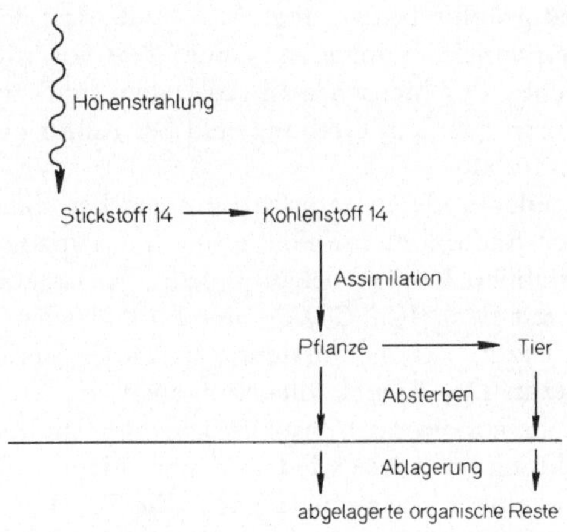

Abb. 45. Der Weg des Radiokohlenstoffs in den Boden

Trotz ihrer Kostspieligkeit ist die Datierung mit Radiokohlenstoff schon zu einem Routineverfahren geworden. Ihr größter Verdienst liegt wohl darin, daß die Bezugswerte für viele Verfahren der Stratigraphie, der Paläoklimatologise und der relativen Datierung schafft. Beispiele, die in diesem Buch an anderer Stelle erwähnt werden, sind der Grenzhorizont zwischen ‚Schwarztorf‘ und ‚Weißtorf‘, die ‚Basismudde‘ — die älteste organogene postglaziale Sedimentschicht —, die Wachstumsphasen des Höhlensinters. Weiter hat sie viele grundsätzliche Resultate erbracht und lange umstrittene Fragen geklärt. So wurde der Beginn der ersten Dynastie in Ägypten auf 3000 vor Christi festgelegt. Zur Frage der jungsteinzeitlichen Chronologie leistete die Datierung von Holzkohle aus bandkeramischen Schichten bei Wittislingen einen wichtigen Beitrag. Der Alterswert von 6050 $\pm$ 125 Jahren vor der

Gegenwart liegt weitaus höher als erwartet, und damit dürfte sich der Beginn der Jungsteinzeit, für den bisher 3500 bis 2500 vor Christi Geburt angenommen wurde, auf der Zeitskala ein beträchtliches Stück zurückverschieben. Für die sogenannte Alleröd-Schwankung, ein auffällig warmes Intervall im Spätglazial, ergab die Radiokohlenstoffmethode eine Zeit von 10000 vor Christi Geburt bis 8800 v. Chr. Das hohe Alter der Höhlenmalereien wurde bestätigt; Holzkohlestücke der Höhle von Lascaux, für die stratigraphisch dasselbe Alter wie das der Gemälde nachgewiesen wurde, stammen aus einer Zeit vor 16000 Jahren. Das Auftauchen des Menschen in Australien muß zurückdatiert werden: Spuren aus dem Grabungsfeld bei Keilor erwiesen sich als 31000 Jahre alt.

Wie bei jeder anderen radiochronologischen Messung muß auch bei der Radiokohlenstoffdatierung die Anfangskonzentration des instabilen Isotops bekannt sein. Bei organischem Material ist er mit dem $^{14}C/^{12}C$-Wert der Luft gleichzusetzen. Wie sich erst in letzter Zeit herausstellte, ist dieses Verhältnis nicht völlig konstant. Der Radiokohlenstoffgehalt der Luft ist um so höher, je intensiver die in Atmosphäreschichten eindringende kosmische Strahlung ist. Diese wieder ist vom Magnetfeld der Erde abhängig, das eine Art Schutzwall gegen die Teilchen der Höhenstrahlung bildet. Die Intensität des erdmagnetischen Feldes früherer Zeiten läßt sich dem Gesteinsmagnetismus entnehmen (s. Kapitel „Der fossile Kompaß"). Für die letzten 8500 Jahre ergaben sich dabei Schwankungen von ± 50 Prozent. Das beeinträchtigt zwar die Gültigkeit der Radiokohlenstoffmethode nicht, aber es wird wahrscheinlich dazu zwingen, Werte aus früheren Messungen zu korrigieren.

18. Die Chronologie des Höhlensinters

Zuerst schien es, als ob sich die Radiokohlenstoffmethode nur bei organischen Proben anwenden ließe. Das Kohlendioxid ist aber noch einem zweiten Kreislauf unterworfen, durch den es auch in anorganische Materalien, nämlich in sekundäre Kalke, geraten kann. H. W. FRANKE hat darauf aufmerksam gemacht, daß sich demnach auch diese Art von Gesteinen, vor allem Kalktuff und Tropfstein, mit Hilfe des radioaktiven Kohlenstoffs datieren läßt.

Das Kohlendioxid löst sich in Regenwasser, wobei sich ein kleiner Teil davon in Kohlensäure verwandelt. Das Wasser wird dadurch fähig, Kalk und Dolomit aufzulösen. Das geschieht an der Gesteinsoberfläche, besonders stark unter Bodenschichten, die reich an organogenem Kohlendioxid sind, aber auch in tieferen Lagen, wodurch die ursprünglich nur kleinen tektonischen Spalten erweitert werden. Die gelösten Karbonate treten schließlich mit dem Quellwasser zutage. Oft scheiden sich kurz nach dem Quellaustritt beträchtliche Kalkmengen aus, wodurch die sogenannten Tuffgesteine entstehen. Unter besonderen Bedingungen kommt es auch schon früher zur Ausfällung: wenn das Wasser auf seinem Weg durchs Gestein einen Höhlenraum trifft. Besonders wenn die Höhenluft arm an Kohlendioxid ist, erfolgt dann ein Ausgleich. Kohlendioxid aus der Lösung tritt in die Luft, und das Wasser ist nun nicht mehr imstande, die Kalksalze weiterhin gelöst zu halten. An den Felswänden, wo das Wasser abrinnt, an den Decken und am Boden, wo es ab- bzw. auftropft, scheiden sie sich aus und bilden Schichten aus Kalk oder auch Decken- und Bodenzapfen (Abb. 46). Diesem Weg folgt auch der kleine Anteil von radioaktivem Kohlenstoff. Im sekundären Kalk ist er schließlich dem Austausch mit frischem Radiokohlenstoff entzogen, die Kohlenstoff-14-Atome zerfallen, die Strahlungsintensität nimmt ab. Der Forscher, der eine Kalksinterprobe untersucht, kann durch ihre Messung das Alter bestimmen.

Als eines der jüngsten Gesteine sind sekundäre Kalke für Eiszeit und Nacheiszeit von Bedeutung. Besonders in den Höhlen, in denen Ablagerungen aller Art weitgehend vor dem Einfluß des Wetters geschützt sind, findet man sie oft im Wechsel mit Knochenbreccien, Kulturschichten oder anderen Ablagerungen, die auf bestimmte Klimagrößen hinweisen. Über den Sinter gelingt auch eine mittelbare Datierung der anliegenden Schichten und Einschlüsse. Sogar bei organischen Funden, die selbst der Radiokohlenstoffmethode zugänglich sind, kann die Altersbestimmung über den Sinter vorteilhaft sein: Wertvolle Artefakte oder Knochenfunde brauchen nicht zerstört zu werden, Sinter steht meist in größeren Mengen zur Verfügung, und außerdem ist er der Infiltration von jüngeren Lösungen, die das Ergebnis verfälschen, in viel geringerem Maße unterworfen als beispielsweise Knochenmaterial. Bei der chemischen Reaktion der Kalkauflösung tritt zum Kohlenstoff aus der Luft mit seinem bekannten und festen Gehalt an ^{14}C auch Kohlenstoff aus dem Kalkgestein ohne radioaktive Beimengungen hinzu. Leider mischen sie sich in einer nicht völlig kontrollierten Weise — der Prozentsatz an Radiokohlen-

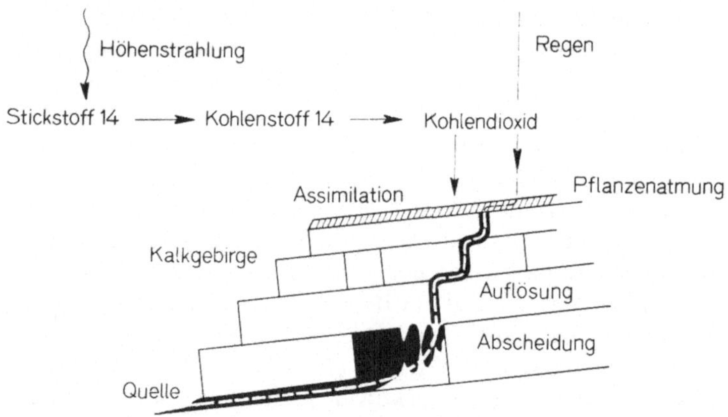

Abb. 46. Der Weg des radioaktiven Kohlenstoffs in den Höhlensinter

stoff kann hierdurch theoretisch bis auf die Hälfte sinken. Das würde eine Abweichung bis zu einer Halbwertszeit ergeben. Beobachtungen haben indes gezeigt, daß die Schwankungen nicht so stark sind — sie bewegen sich nur zwischen 70 und 85 Prozent. Dadurch wird die Fehlergrenze auf ein erträgliches Maß, und zwar auf weniger als 1500 Jahre herabgesetzt.

Die ersten Sinterdatierungen nahmen K. O. MÜNNICH und J. C. VOGEL am ^{14}C-Labor der Universität Heidelberg vor. Unter den von ihnen datierten Proben waren zwei Sinterstücke aus einem Einsturzkessel auf der Insel Kephallenia (Ionische Inseln). In diesem befindet sich ein Brackwassersee, dessen Spiegel nur einen halben Meter über dem Meeresniveau liegt. Im Rahmen einer Untersuchung der Hydrologen V. MAURIN und J. ZÖTL brachte eine Tauchergruppe aus den unter Wasser liegenden Höhlenräumen Stalaktiten aus drei und 26 Meter Tiefe ans Tageslicht. Der erste erwies sich als rund 16000, der zweite als rund 20000 Jahre alt. Damit gelang ein weiterer Beweis für die eiszeitlichen Schwankungen des Meeresniveaus mit Hilfe absoluter Zeitbestimmung, wie sie der geologischen Forschung nur unter besonders günstigen Umständen möglich ist: Stalaktiten können

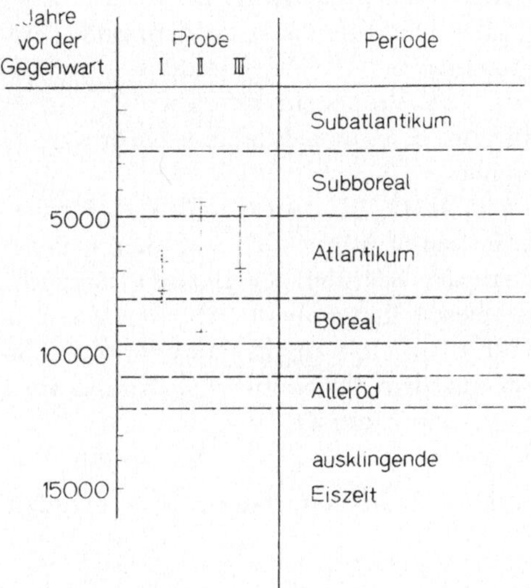

Abb. 47. Wachstumsperioden dreier Stalagmiten (Proben I und III Bruchstücke): I Katerloch bei Weiz, II Karls- und Bärenhöhle bei Erpfingen, III Alte Höhle (Prinzenhöhle) bei Hemer (nach Datierungen von K. O. Münnich und D. Berdau)

sich nur in lufterfüllten Räumen bilden, folglich muß der Meeresspiegel zur ermittelten Zeit erheblich tiefer gelegen sein. Die Daten weisen auf die Würmeiszeit, die vor etwa 12000 Jahren wieder in eine wärmere Periode überzugehen begann.

In letzter Zeit haben kerzenförmige Stalagmiten besondere Beachtung gefunden, da sie Zeitspannen annähernd konstanter Klimabedingungen repräsentieren, und zwar handelt es sich um warm-feuchte Perioden, die die Kalkabscheidung begünstigen. Zweifellos sind die Wachstumsgrenzen von Sintergenerationen für Klimaänderungen kennzeichnend. Eine Reihe von Stalagmiten, die von K. O. Münnich und D. Berdau vom Heidelberger Radiokohlenstofflabor sowie von M. A. Geyh, ^{14}C-Labor des Niedersächsischen Landesamts für Bodenforschung, Hannover, datiert wurden, untermauern diese Vorstellungen. Die meisten stammen aus dem warm-feuchten Atlantikum (Abb. 47). Besonders interessant ist in diesem Zusammenhang auch eine von M. A. Geyh untersuchte Stalagmitenspitze aus einer Hochgebirgshöhle, der Raucherhöhle, Oberösterreich, die dem Ende der letzten Interstadials zuzuordnen ist. Ihr Alter beträgt 23300 ± 1150 Jahre. Das Auftreten von Tropfstein zu dieser Zeit in hohen Lagen wirft die Frage auf, ob es damals nicht wärmer war, als man bisher angenommen hat.

Auch die von K. O. Münnich und J. C. Vogel eingeführte Grundwasserdatierung stützt sich auf den gelösten Kalk. Sie dient vor allem der Klärung der Grundwasserverhältnisse, beispielsweise der Feststellung, ob unterirdische Wasserbecken in den Grundwasserkreislauf einbezogen sind oder nicht. So erwies sich Grubenwasser aus dem Erzbergwerk Salzgitter im Harzvorland als 8000 bzw. 10000 Jahre alt.

19. Das Kohlenstoff-Isotopenverhältnis

Effekte der Isotopenentmischung lassen sich erst nachweisen, seit es Präzisionsinstrumente für den Nachweis geringster Anteile von Isotopen gibt. Die Untersuchungssubstanz wird verdampft und ionisiert — das heißt in geladenen Zustand übergeführt. Wenn man die positiv geladenen Reste, die Ionen, durch geeignete Kombinationen aus elektrischen und magnetischen Feldern schießt, dann werden die leichteren mehr aus ihrer Richtung abgelenkt als die schwereren. Die Ablenkweite ist ein genaues Maß für das Atomgewicht, das nahezu mit der Massenzahl identisch ist. Man fängt die Strahlen aus geladenen Atomen auf einer Photoplatte auf und erhält für jedes Atomgewicht eine Linie, deren Intensität dem Prozentanteil des betreffenden Isotops proportional ist (Abb. 48). Dieses Streifenmuster ist dasselbe für das Gewicht, was das Spektrum für die Wellenlänge ist. Da das Gewicht nur eine Folge der in den Atomen konzentrierten Masse ist, spricht man von einem Massenspektrum, der Apparat heißt dementsprechend Massenspektrograph.

Bisher galt das Interesse vor allem den Kohlenstoff- und Sauerstoffisotopen. Neben dem stabilen Isotop des Kohlenstoffs ^{12}C existieren noch weitere. Eine Rolle in der Chronologie spielt jenes mit dem Atomgewicht 13. Es ist nicht radioaktiv und verhältnismäßig selten: Im Meereskalk tritt es etwa im Verhältnis 0,01123

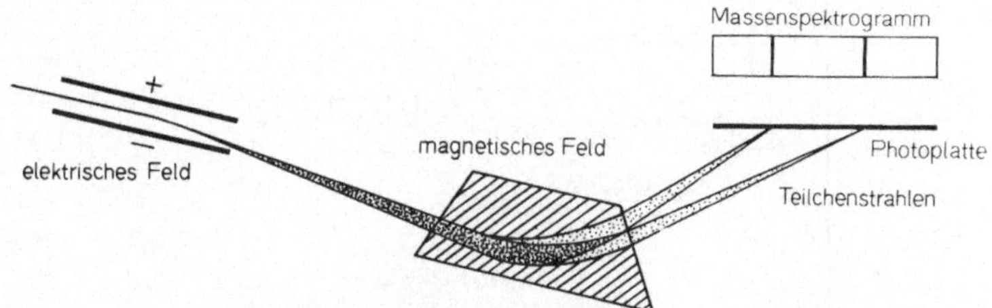

Abb. 48. Schema einer Anordnung zur Isotopenanalyse: Nachdem man die Atome elektrisch aufgeladen (ionisiert) hat, schließt man sie durch ein elektrisches und ein magnetisches Feld. Je leichter sie sind, um so weiter werden sie aus ihrer ursprünglichen Richtung abgelenkt. Auf einer Photoplatte, auf der man sie auffängt, bilden sie ein Streifenmuster, das Massenspektrogramm. Die Intensität der Striche gibt das Maß für die Häufigkeit des betreffenden Isotops (frei nach RIEZLER)

zu 1 gegenüber dem häufigsten Isotop ^{12}C auf. Als Standard hat man den für Meereskalke gültigen Verhältniswert gewählt und gibt Abweichungen des Isotopenverhältnisses als Differenzen von diesem Standard an, und zwar in Promille.

Für die Luft ist eine Abweichung von minus sieben Promille vom Standard charakteristisch. Grund dafür ist ein Entwicklungsvorgang, eine Änderung der Isotopenverhältnisse beim Übergang von Kohlendioxid aus der Luft ins Meer und zurück. Organische Substanzen weisen besonders große Abweichungen des ^{13}C-Gehalts vom Meeresstandard auf, und zwar etwa minus 25 Promille. Sie beruhen auf einer Anreicherung der leichten Atomkerne bei der Photosynthese. Die kennzeichnenden ^{13}C-Werte (Abb. 49) geben eine willkommene Kontrollmöglichkeit mancher chronologischen Schlüsse. So gestattet beispielsweise eine Bestimmung des ^{13}C-Gehalts die Feststellung, ob eine zur Datierung vorgesehene Probe sekundären Kalks wirklich nur 15% ‚alten‘ Kohlenstoff aus primärem Kalk enthält, wie vorausgesetzt wird

(s. Kapitel „Die Chronologie des Höhlensinters", S. 74 ff.). Ist das nicht der Fall, so ist es möglich, das richtige Verhältnis zwischen ‚jungem' und ‚altem' Kohlenstoff annähernd zu bestimmen und auf diese Weise den auf 85 % ‚jungen' Kohlenstoff bezogenen

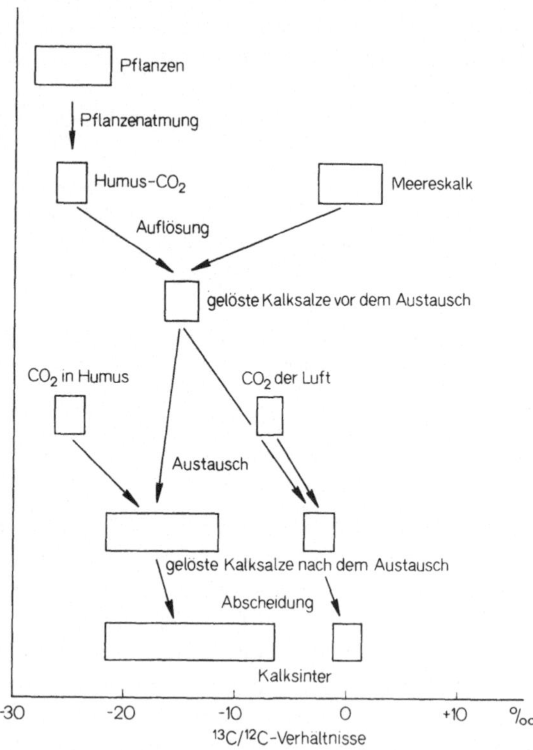

Abb. 49. Schema der Bildungsstufen des Kalksinters. Jede Stufe hat einen vom Bildungsgang abhängigen Wert der Abweichung des Verhältnisses vom Meeresstandard (nach Vogel)

^{14}C-Wert zu korrigieren. Ein weiteres Beispiel einer Auswertung der Kohlenstoffisotopenverhältnisse für chronologische Zwecke betrifft den ersten Nachweis präkambrischen Lebens. Der erste Nachweis gelang im südlichen Finnland, unweit der Stadt Tampere; dort fand man fingerlange schlauchförmige Gebilde mit kohliger Rinde in Schiefergestein (Abb. 50). Daß es sich um Reste von Organismen handelt, bewies der finnische Physiker KALERVO RANKAMA durch eine ^{13}C-Bestimmung. Die ^{13}C-Abweichung in magmatischen Gesteinen liegt zwischen 6,7 und — 18,2 $^0/_{00}$, während die Werte für die finnischen Fundstücke zwischen — 18,2 und — 39,4 $^0/_{00}$ liegen. Für den Schiefer, in dem die organischen Reste eingebettet waren, ergab sich mit Hilfe der Uran-Blei-Methode ein Alter von 1850 Millionen Jahren.

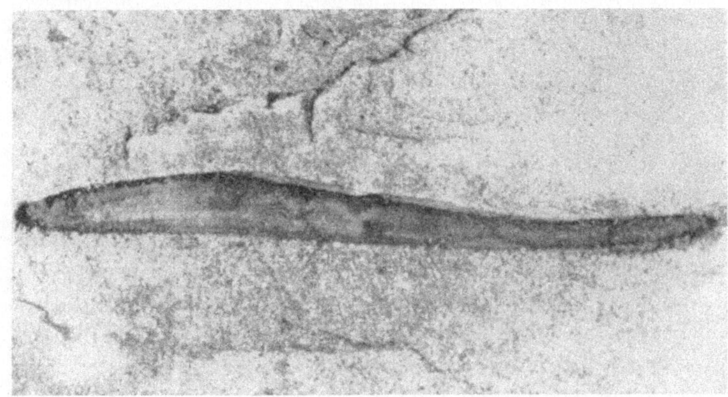

Abb. 50. Belegstück ältesten Lebens, wahrscheinlich eine Algenart. Natürliche Größe des Fundes 95 Millimeter (aus BACHMAYER 1960)

Inzwischen wurden viele noch weitaus ältere präkambrische Lebensspuren nachgewiesen. Prof. HANS DIETER PFLUG vom geologisch-paläontologischen Institut der Universität Gießen stellte an einigen Proben aus Südafrika ein Alter von 3,2 Milliarden Jahren fest. Darin eingeschlossen fanden sich rund ein Fünfzigstel Millimeter große Fossilreste von der Gestalt primitiver Algen. Die Hüllen sind verkieselt, in ihnen ließen sich aber noch die Spuren von organischer Substanz, Abkömmlinge von Blattgrün, nachweisen. Das bisher größte Alter, 3,5 Milliarden Jahre, schreibt ALBERT E. J. ENGEL vom geologischen Institut der Universität von San Diego, Kalifornien, den kugelförmigen Resten algenartiger Organismen zu, die ebenfalls in Südafrika, in Ost-Transvaal, gefunden wurden. Da vermutlich auf der Erde keine älteren Gesteine unzerstört erhalten sind, dürfte damit das höchste Alter fossiler organischer Funde überhaupt erreicht sein.

20. Das Sauerstoff-Thermometer

Außer dem häufigsten Sauerstoffisotop ^{16}O gibt es noch andere, die in letzter Zeit auch für den Geochronologen interessant geworden sind. Der amerikanische Nobelpreisträger Professor H. C. UREY und seine Mitarbeiter beschäftigten sich mit dem Sauerstoffisotop ^{18}O. Das Mengenverhältnis ^{16}O zu ^{18}O beträgt gewöhnlich $500:1$. Auf der Theorie fußende Berechnungen ergaben, daß sich dieses Verhältnis bei der langsamen Auskristallisation von Kalk aus wäßrigen Lösungen ändern müsse, und zwar derart, daß sich ^{18}O im ausfallenden Kalk anreichert. Diese Anreicherung ist temperaturabhängig; das Isotopenverhältnis beträgt nach einer Ausscheidung:

Temperatur	Isotopenverhältnis
0° C	500:1,026
25° C	500:1,022

Dieser Effekt ist so gering, daß sich, wenn die Bildungstemperaturen um 1°C auseinanderliegen, nur eine Änderung von 0,0176% ergibt und das Atomgewicht nur um 0,0000007 Einheiten differiert. Das Sechsfache war das äußerste, das mit den feinsten Meßinstrumenten für solche Zwecke, den Massenspektrographen, noch gemessen werden konnte. Es gelang UREY, deren Meßgenauigkeit durch ein neues, elektronisches Verstärkersystem so weit zu steigern, daß er die einem Grad entsprechende Entmischung nachweisen konnte. Die Ergebnisse entsprachen den theoretisch ermittelten Werten ausgezeichnet.

Diese Situation legt eine paläoklimatologische Anwendung nahe: Sauerstoffisotopenverhältnisse an Kalk verraten die Temperatur zur Zeit seiner Bildung. Material für derartige Bestimmungen gibt es in genügender Menge — die Reste von Meerestieren alter Zeitepochen. Austauscherscheinungen und dadurch nachträglich hervorgerufene Änderungen der Mengenverhältnisse sind bei den kompakten Kalken selbst in Jahrmillionen nicht zu erwarten. UREY hat zuerst einige Fossilien aus der Kreidezeit untersucht, die in England gefunden wurden. Proben aus einer Schicht der jüngeren Kreide vermittelten ihm eine Temperatur von 17,5° Celsius, und solche aus Lagen der älteren Kreide 18,8° Celsius. Damit ergibt sich, daß im England der Kreidezeit tropisches Klima zu verzeichnen war.

Eine großangelegte Versuchsserie unternahm CESARE EMILIANI an der Universität Chikago. Er wollte Anfang und Mitte der Eiszeit erfassen und somit die Grenzen überschreiten, die der Radiokohlenstoffmethode gezogen sind. EMILIANI bestimmte die Bildungstemperaturen von Foraminiferen, Schalentierchen, die auch

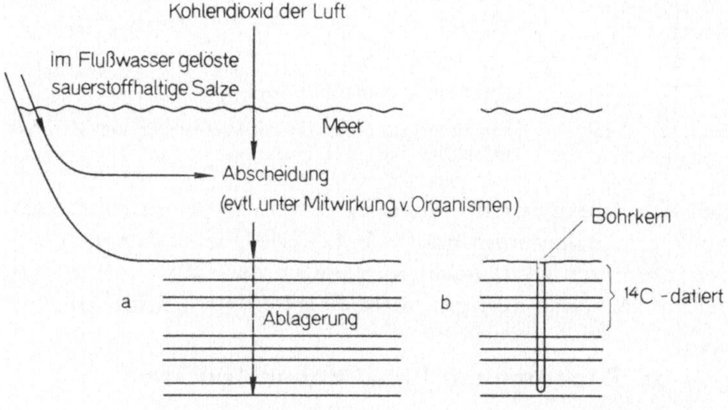

Abb. 51 a u. b. a Der Weg des Sauerstoffs in die Meeresablagerungen, b Schnitt durch die Schichten (nach EMILIANI)

als Mikrofossilien Bedeutung haben (s. Kapitel „Zeitbestimmung mit dem Mikroskop", S. 96 ff.). Die Kalkschalen der Tiere stammten aus Bohrkernen, die Schichten der letzten 450 000 Jahre enthielten (Abb. 51). Dadurch, daß er nur Arten aus jenen Tiefen berücksichtigte, in denen sich kurzfristige Temperaturschwankungen nicht mehr bemerkbar machen, erhielt er Mittelwerte für die Meerestemperaturen, die für den Wärmezustand der Entnahmeorte charakteristisch waren. Und da er seine submarinen Bohrungen an verschiedenen Punkten der Erde vornahm, erhielt er eine gute Übersicht über den weltweiten Klimagang.

EMILIANI versuchte eine Einordnung in die absolute Zeitskala. Dazu bediente er sich der Radiokohlenstoffmethode, mit der sich die obersten Schichten noch erfassen lassen, und ermittelte so die Sedimentationsgeschwindigkeit. Unter der Annahme gleichbleibender Ablagerungsbedingungen extrapolierte er auf das Alter der tieferen Schichten. Die Ergebnisse der Protaktinium-Thorium-

Methode (s. Kapitel „Datierung mit Protaktinium und Thorium", S. 84 f.) dienten ihm schließlich dazu, die Extrapolationsergebnisse zu bestätigen oder zu korrigieren. Auf diese Weise ergab

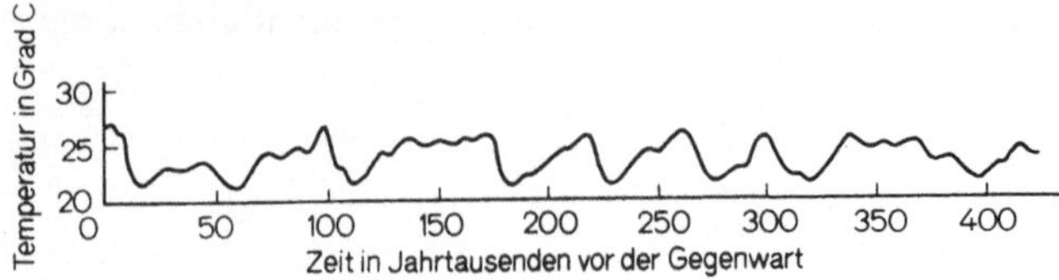

Abb. 52. Gemittelte Temperaturkurve für Oberflächenwasser der Zentralkaribischen See (nach EMILIANI)

sich eine Kurve für die mittleren Meerestemperaturen, die das ganze Eiszeitalter umspannt (Abb. 52). Die Übereinstimmung mit der theoretisch abgeleiteten Klimakurve von MILANKOVICH ist überraschend und dürfte zu deren Rechtfertigung beitragen.

21. Datierung mit Protaktinium und Thorium

Die klassischen Methoden der Radiochronologie, vor allem die Urandatierung, werden erst in Zeiträumen ab einigen Millionen Jahren anwendbar. Zwischen ihren Meßbereichen und jenen der Radiokohlenstoffmethode klafft eine Lücke. Gerade in dieser Zeitspanne liegt der größte Teil des Eiszeitalters und der letzte Abschnitt des Tertiärs, jene Abschnitte, die für die Entwicklung der Erde zu ihrer heutigen Gestalt und der des Menschen zu seiner heutigen Form grundlegend wichtig sind. Erst seit den letzten Jahren besteht Aussicht, auch diesen Teil der Erdgeschichte zu erfassen. Die wichtigsten Verfahren sind die Fission-Track- und Alpha-Recoil-Technik, die später noch besprochen werden (s. S. 112 f.). Speziell auf das Eiszeitalter abgestimmt sind einige Methoden, die auf den Zerfallsprodukten der Uran-238- und Uran-235-Reihe beruhen. Zwei von ihnen haben Halbwertszeiten, die genau im richtigen Bereich liegen: Thorium-230, auch Ionium genannt, mit 80 000 Jahren und Protaktinium-231 mit 34 300 Jahren. Da in beiden Fällen die Ausgangskonzentrationen nicht bekannt sind, benötigt man jeweils einen weiteren Wert, der deren Berechnung erlaubt, beispielsweise den Gehalt an Muttersubstanz

Uran-234 oder am Zerfallsprodukt Radium-226 für das Thorium-230. Stets wird man die Anteile von mehr als zwei Isotopen zu messen versuchen, wodurch sich das Rechnungsergebnis sichern läßt. Auch stützt man sich, wo es möglich ist, auf Thorium und Protaktinium zugleich.

Diese Methoden dienen zur Datierung von Meeresablagerungen, in denen sich beide Isotope bevorzugt sammeln. Für eine Probe Korallenkalk aus 32 bis 34 Meter Tiefe von einer Bohrung bei Grassy Key, Florida, ergab sich ein Alterswert zwischen 77 000 und 180 000 Jahren. Ein genauerer Wert war nicht zu erzielen, da der Urangehalt den gemessenen Mengen von Protaktinium und Thorium gegenüber zu klein war.

Ähnlich unsicher sind auch die Resultate, die man an terrestrischen Kalken gewann. Unter anderem wurde ein Stalagmit untersucht, der den Eingang einer Höhle bei Toirano, Ligurien, verschloß. Die Grenzwerte für die Altersschätzung liegen zwischen 56 000 und 100 000 Jahren.

Mit Hilfe der Thorium-230-Methode gelang es auch, das Alter einer vulkanischen Probe zu bestimmen. Man erhielt 37 600 Jahre, ein Wert, der gut mit einem Radiokohlenstoffergebnis übereinstimmt, das an einer gleich alten Holzprobe erzielt wurde: 35 700 Jahre.

III. Mittelalter und Altertum der Erde

Die Versuche der chronologischen Einordnung haben uns vom Beginn der Vorgeschichte durch das ganze Eiszeitalter geführt — durch jene Epoche, in die der Aufstieg des Menschen vom tierhaften Vormenschen bis zum *Homo sapiens* fällt. Jetzt verlassen wir sie und betreten zunächst das Zeitalter davor, in dem sich das Leben von den ersten Anfängen bis zu den menschenartigen Formen entwickelte (Abb. 53). Der eigentliche Akt der „Menschwerdung" nimmt den letzten Teil dieser Zeit, etwa 15 Millionen Jahre, in Anspruch. Die Übergangsstufen zwischen Tier und Mensch spielen aber nur eine untergeordnete Rolle im ungeheuren Reichtum der entstehenden und wieder vergehenden Lebensformen. Da die Funde von Tierresten in den Schichten schon am

Anfang der geologischen Forschung höchst interessiert aufgenommen wurden und man sich mit ihrer Hilfe einen gewissen Überblick über ihre Entwicklung verschafft hatte, wurden die großen

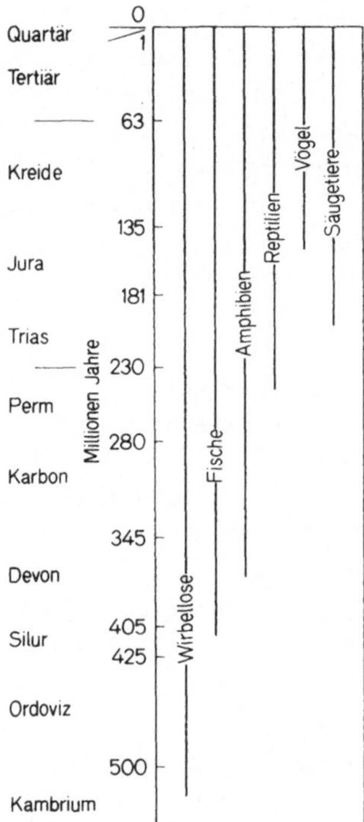

Abb. 53. Übersicht über die Entwicklung der Tiere

Abschnitte der Erdgeschichte Paläozoikum, Mesozoikum und Neozoikum genannt, was soviel wie Altertum, Mittelalter und Neuzeit der Tiere bedeutet. Das Neozoikum wurde in das (ältere) Tertiär (Abb. 54) und das (jüngere) Quartär geteilt, das selbst wieder das Eiszeitalter und die erdgeschichtliche Gegenwart enthält (s. Tabelle 5*).

---

* Im deutschen Schrifttum wird das Silur in zwei Teile, das Gotlandium und das Ordoviz, geteilt. Im englischen Schrifttum treten an Stelle des Silurs zwei Perioden: das Silur im engeren Sinn, das mit dem Gotlandium identisch ist, und das Ordoviz.

86

Tatsächlich gab es schon vorher einfaches Leben, aber erst vom Kambrium an, dem ersten Abschnitt des Paläozoikums, kamen Tiere vor, die makroskopisch faßbare Reste hinterließen, vor allem Schalen und Skelette aus Kalk, Kieselsäure und dergleichen. An diesen läßt sich die Entwicklung studieren, die Ausbreitung der

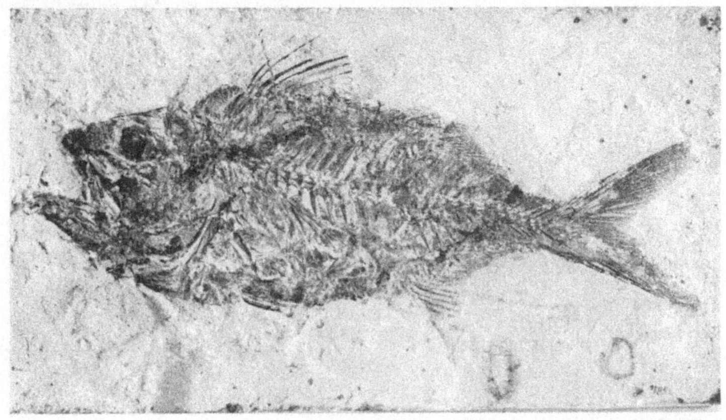

Abb. 54. Versteinerter Fisch aus dem Tertiär (aus dem Naturwissenschaftlichen Museum, Coburg, Photo: D. HILDEBRAND)

Tiere, die Aufspaltung in verschiedene Arten, später der Übergang von der Geburtsstätte allen Lebens, vom Meer, auf das Festland und ganz zuletzt die Eroberung der Luft. In ähnlicher Weise konnte man sich ein Bild von der Entwicklung der Pflanzen machen.

Die Entfaltung des Lebens ermöglicht es, die Schichten zu datieren. Mit ihr gleichzeitig gab es auch andere grundlegende Vorgänge, vor allem erd- und klimageschichtlicher Natur, Vorgänge, die zu einem großen Teil unabhängig von den Lebenserscheinungen verliefen und, wie anzunehmen ist, auch in jener Zeit zu verzeichnen sind, als es noch kein Leben gab. Im Laufe dieses Geschehens wechselte die Verteilung von Land und Meer, Gebirge wölbten sich auf und wurden wieder abgetragen, Klimazonen wanderten über die Erde. Da aber die meisten dieser Ergebnisse umkehrbar sind, interessieren sie weniger als Mittel denn als Objekte der Datierung.

Tabelle 5. *Chronologische Tafel der geologischen Verhältnisse, der Pflanzen-*

Zeitalter	Jahre vor der Gegenwart i. Mill.	Periode	geolog. Verhältnisse in Mitteleuropa
Neozoikum		Quartär	Eiszeiten mit dazwischenliegenden wärmeren Abschnitten
	1	Tertiär	Auffaltung der Alpen, Bruchschollenbildung im nördlichen Vorland
Mesozoikum	63	Kreide	Nord- und Ostdeutschland vom Meer überflutet
	135	Jura	Deutschland vom Meer bedeckt
	181	Trias	Ausdehnung des Festlandes mit Abschnitten teilweiser Überflutung
Paläozoikum	230	Perm	Festland, später teilweise Überflutungen; Vulkanismus
	280	Karbon	Deutschland wird Festland, Gebirge falten sich auf (variszische Gebirgsbildung)
	345	Devon	wechselnde Überflutungen; Vulkanismus
	405	Silur	teilweise Meeresbedeckung; starker Vulkanismus (kaledonische Gebirgsauffaltung in Nordeuropa)
	500	Kambrium	teilweise Meeresüberflutung
	650	Präkambrium	Gebirgsbildungen, starker Vulkanismus, Bildung der Wasserhülle und der Kontinente
	4700	Archaikum	Bildung der Erdkruste

88

und Tierwelt und des Klimas (stark schematisiert, Zeitangaben nach Kulp)

Pflanzen	Tiere	allgemeiner Klimazustand
Tundrapflanzen, wechselnd mit Wald	Aussterben vieler großer Säugetiere	Eis- und Regenzeiten, wärmere Abschnitte
tropische Pflanzen, Palmen, Braunkohlensümpfe	rasche Entfaltung der Säugetiere und Vögel	mildes, gemäßigtes Klima
Entfaltung der höheren Blütenpflanzen und Laubhölzer	Aussterben der Ammoniten, Saurier und Flugechsen	warm-feuchtes Klima; Vereisungen in Australien
Farngewächse, Riesenschachtelhalme	Ammoniten, Saurier, erste Knochenfische	warmes, ozeanisches Klima löst mäßig warmes Klima ab
Farne, Schachtelhalme, Nadelhölzer	Ammoniten, Entfaltung der Kriechtiere, erste Säugetiere	trockenes, warmes Klima
Entfaltung der Nacktsamer	Entfaltung der Saurier, Panzerlurche	trockenes Steppenklima; Vereisungen auf der Südhalbkugel
Steinkohlenflora, Bärlappgewächse, Farngewächse	erste Saurier und erste Knorpelfische	feuchtwarm auf der Nord-, kühl auf der Südhalbkugel
einfache blütenlose Pflanzen	Panzerfische, erste Lurche, Entwicklung der Ammoniten	warmes, manchmal tropisches Klima
erste Landpflanzen, Meerpflanzen	erste Fische, Riesenkrebse, Muscheln, Korallen	ausgeglichenes mildes Klima
reiche Algenflora	Armfüßer, Quallen, Gliederwürmer	kühles bis gemäßigtes Klima
Algen	wirbellose Meerestiere	verschiedene Klimaarten nachgewiesen
ohne Pflanzen	ohne Tiere	

Über die Anfänge der Erde selbst ist noch der Schleier der Dämmerung gebreitet, und wir wissen nur in groben Zügen, was sich ereignet hat. Unser Heimatplanet begann seine Existenz als

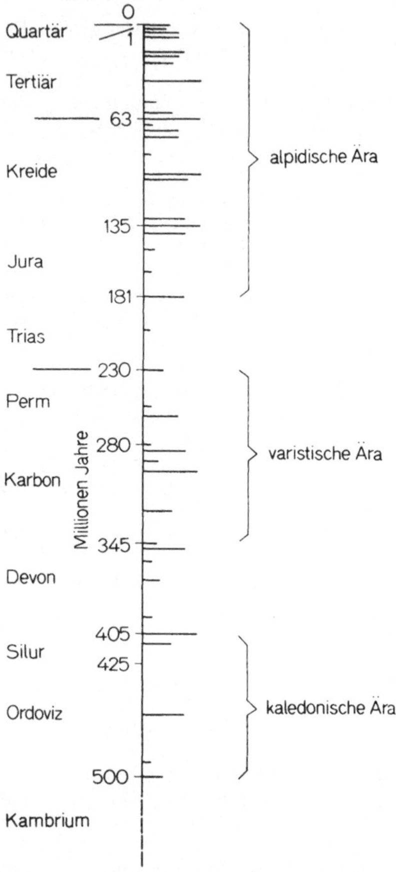

Abb. 55. Phasen der Gebirgsbildung seit dem Silur; die Strichlänge dient als Maß für die Stärke der Prozesse

feurig-flüssige Masse. Er brauchte Milliarden Jahre, bis er sich so weit abgekühlt hatte, daß er einen festen Mantel bilden konnte, und dann dauerte es wahrscheinlich ebenso lange, bis die Temperatur der Kruste auf unter 100 Grad Celsius sank. Von diesem Moment an konnte sich Wasserdampf verflüssigen. Wasser sammelte sich in tiefen Gebieten, das Meer entstand. Erst mit der Trennung von Meer und Land bekam die Erdoberfläche ihr heutiges Aussehen. Natürlich konnten anfangs die Kräfte aus dem Inneren der Erde die dünne Kruste leicht durchbrechen. Es gab starke Vulkanausbrüche, die flüssiges Gestein, Magma, an die Oberfläche preßten, aber es gab auch schon Regen, der die Kontinente abtrug, es entstanden Flüsse, die das abgelöste Material ins Meer transportierten. Der Staub und der Sand sanken zum Meeresgrund hinab, Schichten bauten sich auf. Vulkanische Kräfte drückten sie empor, neben den Urgesteinen, den erstarrten Magmamassen, lagerten nun jüngere Gesteine, die Sedimentgesteine. Es gab Phasen der Gebirgsbildung (Abb. 55) und — offenbar als Folge davon — solche der Vereisung.

Wenn sich das Ungestüm der Natur auch nach und nach beruhigte, so setzten sich der starke Vulkanismus, die mächtigen Verschiebungen der Erdkruste und die heftigen Klimaausschläge auch in die von Leben erfüllte Zeit hinein fort. Während sich jene Methoden der Chronologie, die sich auf Lebensäußerungen stützen, nur für die lebenserfüllte Zeit anwenden lassen, so reichen die übrigen, für das geologische und klimatische Geschehen ausgearbeiteten, auch in die älteren Abschnitte der Erdgeschichte hinein.

1. Fossilien des Meeres

Auf die Möglichkeit, Tierreste als Zeitmarken zu benutzen, sind wir schon bei der Besprechung des Eiszeitalters gestoßen. Das Schwergewicht der biologischen Methoden, die zur Gliederung des Pleistozäns beitragen sollen, beruht auf solchen Veränderungen in der Tierwelt der untersuchten Region, die durch Zu- und Abwandern auf der Suche nach klimatisch günstigen Gegenden hervorgerufen werden. Es gibt aber noch eine andere Ursache für solche Veränderungen — die Evolution.

Der durch sie hervorgerufene Wechsel der Lebensformen erweckt den Anschein, als wäre er von vornherein auf das Ziel, irgendwelche Endglieder hervorzubringen, gerichtet. Da das jeweilige Ziel der Entwicklungsphasen aber in Wirklichkeit durch

die wechselhafte Umwelt bestimmt wird, sind die Entwicklungs-
linien nicht immer klar durchschaubar. Trotzdem gibt die Evolution die Möglichkeit zu Zeiteinschätzungen — besonders dann,
wenn eine annähernd stetige Entwicklung nachweisbar ist.

Abb. 56. Muscheln aus Sandsteinschichten des Miozäns, Teil eines Tertiärs
(Photo: J. Małecki)

Ein Beispiel dafür sind die Ammoniten, schneckenartig gewun-
dene, im Meer lebende Weichtiere, deren Schalen sich über Jahrmillionen gehalten haben. Oft findet man Querschnitte von ihnen
an der Felsoberfläche von Kalkschichten. Im Volksmund heißen
ihre spiralig gewundenen Schalen Ammonshörner. Schon an einem
so einfachen Kennzeichen wie dem Gehäusedurchmesser ist der
Entwicklungsgang zu größeren Formen deutlich sichtbar. Wenn
sich in einer Schichtenfolge ein Größensprung abzeichnet, kann
man ziemlich sicher sein, daß er das Zeichen für eine Pause im
Ablagerungsvorgang ist.

Von größtem Wert für die Chronologie sind guterhaltene Reste
von weltweit verbreiteten Tieren und Pflanzen — besonders dann,
wenn sie nur in begrenzten Zeitabschnitten auftraten und somit
für diese kennzeichnend sind. Organische Reste, die diese Bedingungen erfüllen, werden Leitfossilien genannt. Sie erlauben die

Abb. 57. Trilobiten aus Kalkablagerungen des Silurs (Photo: J. Małecki)

Einordnung in den relativen Maßstab der Schichten, deren Reihenfolge aus stratigraphischen Vergleichen bekannt ist (Abb. 56—59).
   Natürlich erbringen auch Fossilien, die diese Bedingungen nicht
erfüllen, aufschlußreiche Daten für die Vergangenheit. Die Unterscheidung von Land-, Süßwasser- und Meeresbewohnern beispielsweise erlaubt Schlüsse auf die einstige Wasserbedeckung.
Am Land selbst kennen wir, wie schon früher erwähnt, wärme-
und kälteliebende Formen und auch solche, die die Trockenheit
oder die Feuchte vorziehen. Ähnliches gilt auch für die Meeres-
bewohner. So sind Stachelhäuter, Korallen und Kopffüßer ganz
bestimmten Salzkonzentrationen angepaßt. Jede Änderung im
Salzgehalt, wenn beispielsweise ein geschlossenes Becken aus-
trocknet und der Salzgehalt steigt, oder wenn ein Fluß sein

93

Süßwasser ins Meer schickt und der Salzgehalt sinkt, bringt manche Familien zum Verschwinden und setzt andere an ihre Stelle.

Abb. 58. Leitfossilien der Kreide. 1. Acanthoceras rotomagense (Jungammonit), 2. Tissotia ewaldi (sog. Kreideceratit), 3. bis 5. ammonitische Nebenformen: 3. Crioceras emerici, 4. Scaphites geinitzi, 5. Turrilites catenatus, 6. Belemnites minimus, 7. Ananchytes ovata (Seeigel), 8. Coeloptychium agaricoides (Kieselschwamm), 9. Terebratula oblonga (Armfüßer), 10. bis 12. Muscheln: 10. Inoceramus lamarcki, 11. Spondylus spinosus, 12. Exogyra couloni, 13. Pleurocera strombiformis (Schnecke), 14. Onychiopsis mantelli (Farn), 15. Ginkgo multipartita, 16. Credneria triacuminata (platanenähnliches Laubblatt) (nach A. H. MÜLLER)

94

Abb. 59. Leitfossilien des Tertiärs. 1. Aturia ziczac (Kopffüßer, Nautilusverwandter), 2. Terebratula grandis (Armfüßer), 3. Echinolampas kleini (Seeigel), 4. bis 8. Muscheln: 4. Congeria subglobosa, 5. Ostrea ventilabrum (Auster), 6. Leda deshayesiana, 7. Cyprina rotundata, 8. Pectunculus pilosus (linke Klappe von innen), 9. bis 12. Schnecken: 9. Cerithium margaritaceum, 10. Conus ponderosus, 11. Fusus longirostris, 12. Dentalium acutum, 13. Meletta (sardinenähnlicher Fisch), 14. Carcharodon megalodon (Haifischzahn), 15. Nummulites distans (große gekammerte Foraminifere), 16. und 17. wichtigste Braunkohlenpflanzen: 16. Sequoia (Mammutbaum), 17. Taxodium (Sumpfzypresse), 18. Chamaerops helvetica (Palme), 19. Acer trilobatum (Ahorn), 20. Quercus sprengleri (Eiche), 21. Laurus barbusano (Lorbeer) (nach A. H. Müller)

Bestimmte Riffkorallen wieder sind Indikatoren für die Temperatur und die Tiefe. Sie benötigen mindestens 18° Celsius Wassertemperatur. Heute kommen diese Formen nur im äquatornahen Streifen zwischen 30° nördlicher und 30° südlicher Breite vor. Außerdem gedeihen sie am besten in den obersten 30 Metern des Meeres; unter 80 Meter Tiefe treten sie nicht mehr auf.

Die auf Grund der Leitfossilien entworfene Chronologie war so nutzbringend und umfassend, daß lange Zeit gar kein Bedürfnis nach einer exakten Datierung bestand. Das Vorkommen der Leitfossilien in den Schichten verband die geologische und die biologische Entwicklung durch eine gemeinsame Zeiteinteilung und bildete damit eine einheitliche Grundlage für die zwei wichtigsten Naturwissenschaften mit geschichtlich ausgerichteten Zweigen. Erst die moderne Forschung, die klimatische, geophysikalische und astronomische Einflüsse stärker ins Blickfeld rückt, benötigt die absolute Chronologie als unabhängigen, festen Vergleichsmaßstab.

2. Zeitbestimmung mit dem Mikroskop (Mikrobiostratigraphie)

Unter Mikrofossilien versteht man alle von Tieren und Pflanzen stammenden Überreste, die wegen ihrer Kleinheit vorwiegend unter dem Mikroskop untersucht werden.

Aus mehreren Gründen sind sie als Zeitmarken geschätzt. Erstens bieten sie alle Vorteile der makroskopischen Leitfossilien, kommen also beispielsweise in großen Mengen vor und sind weit verbreitet. Auch was die durch sie erfaßten Zeitabschnitte betrifft, erweisen sie sich als nützlich; nicht zuletzt mit ihrer Hilfe ist es gelungen, die alte erdgeschichtliche Gliederung zu verfeinern. Schließlich sind sowohl das Aufbereiten der Gesteinsproben wie auch die eigentliche Bestimmung oft leichter als bei den großen Fundstücken.

Ein Gebiet, auf dem sich die Mikrofossilien gut bewährt haben, ist das der Erdölsuche. Dabei holt man mit Bohrungen zunächst Materialproben aus der Tiefe, wobei es äußerst unwahrscheinlich ist, daß größere Tier- und Pflanzenreste, noch dazu unbeschädigt, zutage kommen. Das gilt aber nicht für Mikrofossilien; tatsächlich haben sich etwa Foraminiferen, Einzeller, die zu den Wurzelfüßern gehören, gerade in der Erdölgeologie als äußerst nützlich erwiesen. Mit ihrer Hilfe gelingt eine nähere geologische Bestimmung der erreichten Schicht, und das wieder gibt Anhaltspunkte, die schließlich zur fündigen Zone lenken.

Foraminiferen kommen schon im Paläozoikum vor. Zur Zeiteinstufung wertvoll werden zuerst zwei im Karbon lebende Gattungen, die spindelförmige *Fusulina* und die kugelförmige *Schwagerina*. Sie werden bis zu einem Zentimeter groß und bauen ganze Gesteinsbänke auf. Riesenformen treten dann noch einmal in der Kreidezeit und im frühen Tertiär auf. Hier sind die scheibenförmigen Nummuliten ihre auffälligsten Vertreter.

Eine andere wichtige Art sind die Muschelkrebse, Ostrakoden, kleine, nur einige Millimeter große Krebse. Von ihnen sind die Panzerschilder erhalten, zwei zusammenklappbare Kalkplatten. Auch die Muschelkrebse erscheinen schon im frühen Paläozoikum. Beweise für ihr massenhaftes Auftreten sind die baltischen Beyrichienkalke und die deutschen Cypridinenschiefer, die aus ihren Schalen bestehen.

Die Muschelkrebse, die noch vor wenigen Jahrzehnten von der Geochronologie völlig unbeachtet geblieben waren, sind heute schon eingehend bearbeitet. Oft genug ergibt sich mit ihrer Hilfe eine bisher für unmöglich gehaltene Feinaufgliederung der alten geologischen Stufen. Beispielsweise läßt sich eine Stufe des Tertiärs, das Pliozän, in dem zur Untergliederung brauchbare Makrofossilien fehlen, durch Muschelkrebse in fünf Abschnitte teilen.

In letzter Zeit hat sich die Biostratigraphie weiter ausgedehnt, indem sie zu Lebewesen einer Kleinheit vorstößt, die bei der üblichen Methode unbeachtet bleiben. Es sind Organismen, deren Größen von 0,001 bis zu 0,1 Millimeter reichen; man zählt sie zum „Nannoplankton".

Als Beispiel sind die Kalkflagellaten zu nennen, zum Plankton gehörige Einzeller, die je ein bis zwei Geißeln besitzen. Ihre kugelförmige Zellwand ist von Kalkplättchen bedeckt, die lange Zeit erhalten bleiben. Oft kommen sie nur vereinzelt vor, es ist aber auch massenweises Auftreten bekannt; ein Kubikzentimeter einer Mergelprobe aus Südbayern enthielt 800 000 Stück. Sie haben sich bei der Feinstgliederung des Tertiärs bewährt. Oft allerdings reicht

eine einzelne Art nicht zur Bestimmung einer Schicht aus, sondern
erst die Gesamtheit der in ihr enthaltenen Arten datiert sie einwandfrei. Besonders die als Discoasteriden (Scheibchensterne) beschriebenen Einzeller haben sich als brauchbare Leitformen erwiesen (Abb. 60 u. 61).

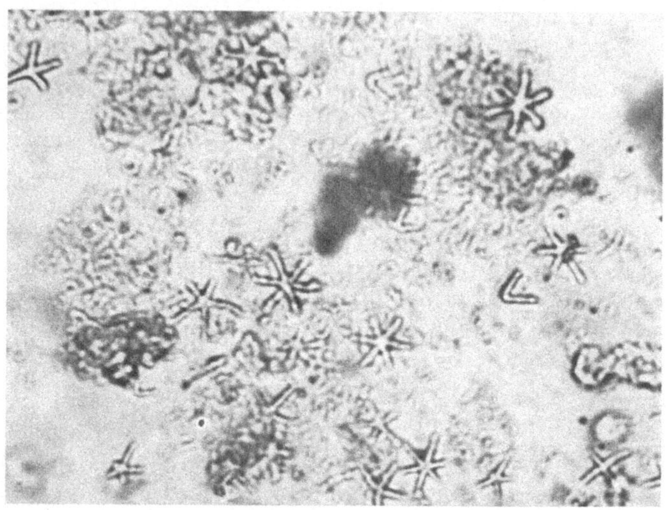

Abb. 60. Mikrofossilien des Miozäns, eines Abschnitts des Tertiärs. Zeittypisch sind etwa die Discoasteriden in Form sechsstrahliger Sterne (Photo:
E. MARTINI)

Die Plättchen haben die verschiedensten, oft sehr wohlgeformten Gestalten. Sie reichen von einfachen runden oder ovalen Schalen bis zu sternförmigen Gebilden. Besonders reizvoll ist ihre
Untersuchung im polarisierten Licht, in dem sie farbig erscheinen.

3. Paläomagnetismus

Es gibt Gesteine, aus denen sich die Richtung des erdmagnetischen Feldes zur Zeit ihres Entstehens ermitteln läßt. Dabei
handelt es sich um Lavaflüsse oder Sedimente, die magnetische
Bestandteile, beispielsweise das Mineral Magnetit, enthalten. Diese
wirken wie Magnetnadeln, die sich nach der Richtung des erdmagnetischen Feldes orientieren. Vom Augenblick der Verfesti

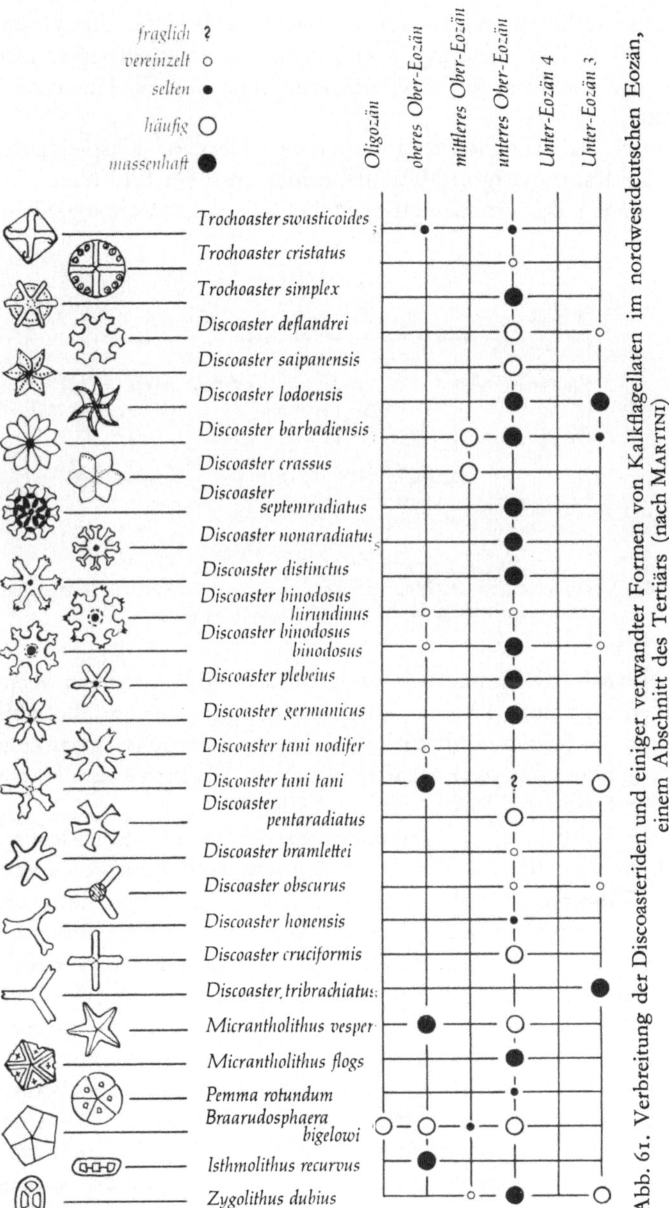

Abb. 61. Verbreitung der Discoasteriden und einiger verwandter Formen von Kalkflagellaten im nordwestdeutschen Eozän, einem Abschnitt des Tertiärs (nach MARTINI)

7*

gung an verlieren sie ihre Beweglichkeit und behalten ihre Orientierung bei. Eine Messung ihrer Magnetisierungsrichtung erlaubt dann Rückschlüsse auf das erdmagnetische Feld zu jenen Zeitpunkt.

Durch Datierung der magnetisierbaren Gesteine, beispielsweise mit der Kalium-Argon-Methode, erhielt man ein Bild über Veränderungen des erdmagnetischen Feldes in der Vergangenheit.

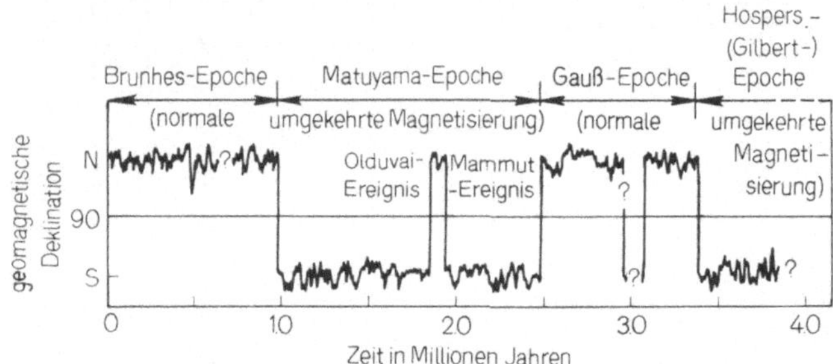

Abb. 62. Veränderungen des Magnetfelds der Erde während der letzten vier Millionen Jahre (nach Cox u. a. 1964)

Dabei ergab sich die überraschende Tatsache einer mehrfach wechselnden Umpolung (Abb. 62). Zeitspannen von 100 000 Jahren bis zu 1 500 000 Jahren hindurch erfolgten nur Richtungsschwankungen von höchstens 30 Grad, worauf sich unvermittelt eine Umkehr um 180 Grad anschloß.

Diese Umkehr des Magnetfeldes, für die noch keine gesicherte Erklärung existiert, ist für die biologische Evolution von Interesse. Während des kurzen Intervalls der Umpolung fehlte die magnetische Abschirmung des Erdfeldes vor der Höhenstrahlung, was eine Erhöhung der Mutationsraten zur Folge haben mußte.

In letzter Zeit hat der Paläomagnetismus die Beachtung der Geochronologen gefunden. Das gegenwärtige Ziel ist es, die zeitliche Sequenz der Richtungsumschläge festzustellen. Sie könnte dann als Eichbasis einer paläomagnetischen Stratigraphie des Vulkanismus dienen. Schon heute gibt die Magnetisierung der Gesteine, die mit tragbaren Magnetometern in nur 30 Minuten gemessen werden kann, chronologische Anhaltspunkte: Gesteine umgekehrter Magnetisierungsrichtung müssen älter sein als 1 000 000 Jahre.

Auch die kleineren Richtungsänderungen des Paläomagnetismus sind von erdgeschichtlicher Bedeutung. Sie weisen auf Wanderungen der Pole, deren Wege sich bis in Zeiten vor dem Kambrium

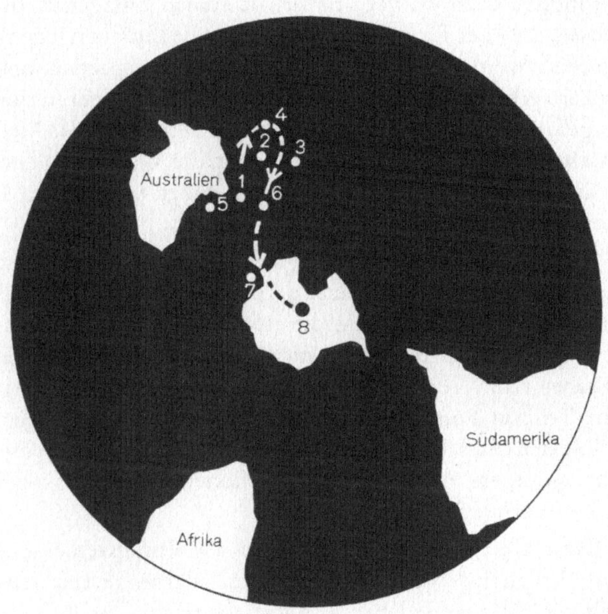

Abb. 63. Die Wanderung des Südpols. Die Punkte geben die Lagen des Südpols seit der Karbonzeit an, die durch Messung der Magnetisierungsrichtung von Gesteinsproben aus Australien bestimmt wurden. 1, 2 Karbon; 3, 4 Perm; 5 Trias; 6 Jura; 7 frühes Tertiär; 8 Eiszeitalter (nach REICH)

verfolgen ließen. Weiter fällt auf, daß die an Gesteinen verschiedener Kontinente gemessenen Richtungen älterer erdgeschichtlicher Perioden nicht in einem gemeinsamen Punkt zusammenlaufen, was sich nur durch die Annahme einer Kontinentendrift erklären läßt (Abb. 63). Damit scheint die Hypothese WEGENERS, nach der die Kontinente treibende Bruchschollen eines ursprünglichen Festlandsblocks sind, eine späte Rechtfertigung zu erfahren.

4. Der Salzgehalt des Meeres

Ein Vorgang, der sich über lange Zeit hinweg erstreckt, nur in einer Richtung — nicht umkehrbar — verläuft und sich deshalb für Datierungszwecke anbietet, ist die Anreicherung der Weltmeere mit Salz; dabei ist anzunehmen, daß das Meerwasser ursprünglich salzfrei war. Es erhält seinen Salzgehalt durch die Flüsse, die über Rinnsale und Bäche schließlich von jenem Wasser gespeist werden, das fein verteilt über Felspartien und durch lockere Ablagerungen geronnen ist und dabei Spuren von Salzen aufgelöst hat. Durch die Sonnenwärme verdunstet das Meerwasser und beginnt seinen Kreislauf, der es in die Wolken, in den Regen, in die Gerinne und zurück zum Meer führt, von neuem. Das Salz aber bleibt im Meer.

Um das Alter der Meere festzustellen, sollte theoretisch nicht mehr nötig sein, als die bisher darin enthaltenen Salzmassen durch jene Menge zu dividieren, die durch die Flüsse jährlich hineingelangt. Diese Daten sind einigermaßen bekannt: im Meer enthaltenes Salz: 100 Millionen Tonnen, Meerwassermenge: etwa eine Trillion Tonnen, und die Salzkonzentration im Meer: durchschnittlich drei Prozent. Mit dieser einfachen Rechnung kommt man zu einem Alter von 300 Millionen Jahren, das offensichtlich zu kurz erscheint.

Diese Überlegungen beruhen auf der Voraussetzung, daß sich die jährlich ins Meer transportierte Salzmenge seit seinem Bestehen nicht geändert hat. Das war aber sicher nicht der Fall. Insbesondere gab es mindestens zehn Abschnitte, in denen die Gebirge weitgehend abgetragen und die Kontinente flach waren. In diesen Zeiten mag die jährliche Zugangsrate bis auf ein Zehntel des heutigen Wertes gesunken sein. Auch Salzverluste sind als mögliche Fehlerquellen zu berücksichtigen — so steht beispielsweise fest, daß in Peru durch Austrocknen von Lagunen gewaltige Salzmengen ausgeschieden wurden. Auch die Voraussetzung, das gesamte Meerwasser stamme aus der Uratmosphäre der Erde, wird heute angezweifelt. Im Erdinnern enthält das flüssige Magma vier Prozent Wasser, die aus erstarrter Magma gebildeten Gesteine nur ein Prozent. Aus dieser Quelle könnte der Ozean laufend salzfreies Wasser bezogen haben.

Wenn man diese und ähnliche Einflüsse berücksichtigt, kommt man auf Werte, die mit jenen der Radioaktivitätsmessung ungefähr übereinstimmen: auf einen möglichen Bereich zwischen 800 und 2350 Millionen Jahren.

5. Datierung durch Uranzerfall

Uran findet man verhältnismäßig häufig, spurenweise kommt es in den meisten magmatischen Gesteinen vor — das sind solche, die direkt auf die Ausbrüche feurig-flüssiger Massen aus dem Inneren der Erde zurückgehen; sie stehen im Gegensatz zu den Ablagerungsgesteinen, die sich vor allem auf dem Meeresgrund bilden.

Die Urandatierung ist das klassische Beispiel für Zeitmessungen durch die Radioaktivität. Die Grundlage solcher Messungen ist einfach: Uran zerfällt in mehreren Schritten allmählich zu Blei. Je weniger Uran in einem Mineral zu finden ist und je mehr Blei, um so älter ist es.

Wie bei der Radiokohlenstoffbestimmung ist die Meßgröße die Verhältniszahl zwischen der festgestellten Restmenge an Uran und der anfangs vorhandenen Ausgangsmenge. Das Ereignis, das diesen Anfang bestimmt, ist das Erstarren des Gesteins aus dem flüssigen Zustand. Von diesem Moment an hört das Durcheinanderfließen, der Austausch mit der Umgebung, auf, Ausgangsstoff und Zerfallsprodukt bleiben im Festkörper an Ort und Stelle gebunden, und die Uranuhr läuft an.

Tabelle 6. *Ein wichtiges Ergebnis der Datierungen — insbesondere jener der Radiometrie — ist die Bestätigung weltweiter Gebirgsbildungsprozesse, für die das rhythmische Auftreten von Phasen besonders intensiver Faltungen charakteristisch ist; nach verschiedenen Autoren, zitiert nach* H. MEIER

Hauptphasen der Gebirgsbildung	Nordamerika	Asien	UdSSR	Afrika	Australien
Kenora bzw. Superior	2300—2750 max. 2500	2250—2700	2100—2870	2650—2900	2300—2700
Hudson	1550—1850 max. 1700	1100—1900 max. 1900	1610—2000 max. 1900	2000	1510—1700 max. 1630
Grenville	800—1100 max. 900	650—1100	600—1200	630—1050	800—1100

Diese Situation schafft ideale Voraussetzungen für Zeitmessungen. Vor den Urandatierungen war — mit Hilfe der Fossilien — nur das Alter der Sedimentgesteine feststellbar, die Eruptivgesteine blieben undatiert. Gerade diese aber erfaßt die Uranmethode. Mit Hilfe der Fossilien einerseits und des Urans andererseits gelingt die umfassende Übersicht über das Schicksal der Erdoberfläche (s. Tabelle 5 u. 6). Selbstverständlich führt auch dieses Verfahren nur zu brauchbaren Ergebnissen, wenn man die Umstände kritisch betrachtet. So kann es vorkommen, daß früh erkaltete und fest gewordene Gesteine durch Einwirken der Wärme erneut schmelzen und später wieder erstarren. Die Altersangabe gilt dann nicht für die Entstehung des Gesteins, sondern nur für seine sekundäre Verfestigung.

Das häufigste Uranisotop ist ^{238}U mit einer Halbwertszeit von 4400 Millionen Jahren. Es zerfällt über eine ganze Reihe anderer Elemente in das Isotop Blei-206 und Helium (Abb. 64). Wie erwähnt, genügt es bei der Radiokohlenstoffmethode, den Gehalt an übriggebliebenem Kohlenstoff-14 zu messen, um das Alter festzustellen; die Ausgangskonzentration ist stets dieselbe. Der Ausgangsgehalt an Uran kann aber ganz verschieden sein — er muß erst festgestellt werden. Das geschieht durch eine Messung am Zerfallsprodukt, entweder am Blei oder am Helium. Da sich aus jedem umgewandelten

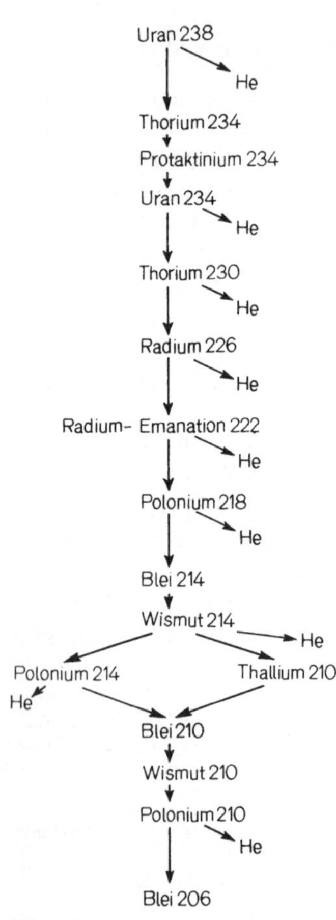

Abb. 64. Zerfallsreihe des Urans-238

Uranatom ein Bleiatom bildet, so entspricht die Summe der Uran- und Bleiatome der ursprünglich vorhandenen Menge Uran. Und ähnliches gilt für das Zerfallsprodukt Helium.

Dabei ist etwas vorausgesetzt, was nur selten zutreffen wird: daß nämlich die ursprüngliche Probe bleifrei war. Aber selbst wenn das nicht so ist, gibt es einen Ausweg. Im sogenannten Urblei waren die Isotope ^{204}Pb, ^{206}Pb, ^{207}Pb und ^{208}Pb im Verhältnis 15:236:226:523 gemischt. Was darüber hinaus an ^{206}Pb vorhanden ist, stammt aus dem Uranzerfall.

Doch noch immer sind wir nicht beim Realfall angelangt. Uran besteht ja nicht nur aus dem Isotop 238, sondern ungefähr 0,7 Prozent davon sind Uran-235, das als „Brennstoff" der Atomreaktoren bekannt geworden ist. Es wandelt sich mit einer Halbwertszeit von 880 Millionen Jahre in Blei-207 um.

Zur Datierung genügt prinzipiell ein Uranisotop, zweifellos ist es aber eine willkommene Sicherung des ersten Resultats, wenn es durch ein zweites bestätigt wird. Beim Uran-235 kann man ebenso wie beim häufigeren Isotop-238 vorgehen, nur stellt man hier den Überschuß an Blei-207 fest.

Die oft schwierige Bestimmung des Urangehalts läßt sich durch eine Messung des Zwischenproduktes Blei-210 ersetzen — ein Verfahren, das als Blei-Blei-Uhr bekannt geworden ist. Man kommt dann mit Bleiisotopen allein aus. Auch die Änderung der Verhältniszahlen aller drei radiogenen Bleiisotope gegenüber dem ursprünglichen Blei-204 ist als Kriterium für das Alter brauchbar. Die nur auf Bleiisotope gestützten Methoden haben den Vorteil, daß sie keine Trennung von verschiedenen chemischen Elementen im Laufe der Entwicklungsgeschichte in Rechnung zu stellen brauchen. Tritt durch irgendeine Ursache ein Konzentrationsverlust ein, so betrifft er alle Bleiisotope gleichermaßen, die ja chemisch so gut wie identisch sind, und das Verhältnis bleibt unverändert.

Voraussetzung aller dieser Methoden, besonders bei hohem Probenalter, ist es, die Isotopenverhältnisse des Urbleis zu kennen — jenes Blei, das vor der Bildung unseres Planetensystems schon vorhanden war, in dem sich also noch keine Rückstände von radioaktiven Zerfallsprozessen binden. Man gewinnt diese Verhältnisse aus Untersuchungen an Eisenmeteoriten, die sehr alt sind und nur geringe Uranmengen aufweisen.

6. Die Heliummethode

Von der Zerfallsreaktion des Urans-238 wurden bisher nur das Ausgangsmaterial und die Endstufe erwähnt. Nun ist nachzutragen, daß der Abbau der Uranatome stufenweise vor sich geht. Aus einem Uran-238-Atom entsteht zuerst ein Protoaktinium-230-Atom und ein Heliumatom, aus dem Protaktinium-234-Atom ein Thorium-230-Atom und ein Heliumatom, aus dem Thorium-230-Atom ein Radium-226-Atom und ein Heliumatom usw. bis zum Blei-206-Atom. Im Laufe der Reaktion bilden sich aus einem Uran-238-Atom insgesamt acht Heliumatome. Eine Messung der Heliummenge erlaubt uns wie im Falle Blei, die Ausgangsmenge Uran-238 zu ermitteln.

Ein Vorteil dieser Methode ist die Gewißheit, daß sich im ursprünglichen Gestein kein Helium befand — das gesamte vorgefundene Helium stammt aus dem Uranzerfall. Andererseits besteht bei einem Gas die Gefahr, daß es entweicht. Die Heliummethode liefert demnach prinzipiell nur das Mindestalter der Probe. Hauptsächlich zieht man sie heran, wenn der ursprüngliche Urangehalt des Untersuchungsmaterials nur gering ist, wie beispielsweise bei Magnetit. Dann bildet sich auch nur wenig Helium, und der Gasdruck, der es wegtreibt, bleibt gering. Inzwischen hat man aber auch Erfahrungen darüber gewonnen, wie man die Menge des verlorenen Heliums beurteilen und damit den Fehler ausgleichen kann.

Tabelle 7. *Beispiele für Urandatierungen* (nach HURLEY und GOODMAN)

Entnahmeort	Heliummethode	Bleimethode
UdSSR	300 Millionen Jahre	260 Millionen Jahre
Kanada	88 Millionen Jahre	100 Millionen Jahre
USA	37 Millionen Jahre	30 Millionen Jahre

Natürlich wird es auch hier vorteilhaft sein, die Ergebnisse durch Kontrollmessungen zu erhärten. Bei einer Reihe von Proben, die nach der Helium- und nach der Bleimethode datiert wurden, ergab sich eine gute Übereinstimmung (s. Tabelle 7).

7. Die Thoriummethode

Genau wie Uran ist auch Thorium für Datierungszwecke
brauchbar. Es kommt nur als Einzelisotop Thorium-232 vor und

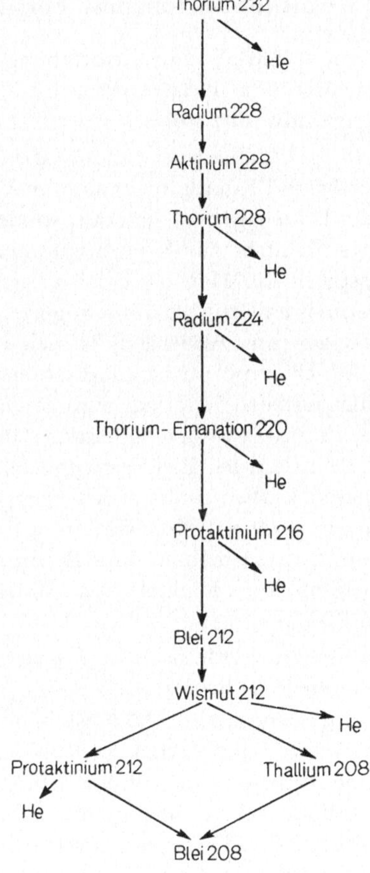

Abb. 65. Zerfallsreihe des Thoriums

wandelt sich in sechs Schritten, bei denen je ein Heliumatom entsteht, in das Bleiisotop-208 um (Abb. 65). Seine Halbwertszeit
beträgt 13 Milliarden Jahre. Man mißt einerseits die noch erhaltene

Thoriummenge und andererseits zur Bestimmung des Thorium-Anfangsgehalts den Überschuß an Blei-208 oder auch die Menge des entstandenen Heliums.

8. Das Rubidium-Strontium-Verhältnis

Einen beachtlichen Beitrag zur Erforschung der Gesteinsgeschichte hat eine Methode geleistet, die sich auf den Zerfall des Rubidiums-87 in Strontium-87 stützt.

Rubidium ist ein dem Kalium verwandtes Metall. Seine beiden Isotope Rubidium-85 und Rubidium-87 sind im Verhältnis 91 : 34 gemischt. Es bildet keine eigenen Minerale, sondern tritt manchmal in solchen des Kaliums mit Konzentrationen von wenigen Prozenten an dessen Stelle. Man hat es also bei Messungen des Rubidium-Strontium-Verhältnisses mit sehr geringen Mengen des Ausgangsmaterials zu tun. Außerdem ist seine Radioaktivität äußerst schwach. Noch schwerer ist es, die Menge des Zerfallsprodukts Strontium festzustellen, denn infolge der großen Halbwertszeit des Rubidiums-87 — 47 Milliarden Jahre — sind von diesem seit dem Bestehen der Erde erst ungefähr fünf Prozent zerfallen. In jüngeren Proben findet sich dementsprechend noch weniger. Wegen der geringen Konzentrationen des Rubidiums und des Strontiums benützt man zu ihrer Bestimmung vor allem die Massenspektrographie (s. Kapitel „Das Kohlenstoff-Isotopenverhältnis", S. 78 ff.).

Die Rubidium-Strontium-Methode eignet sich am besten für Minerale, die reich an Rubidium sind (0,1—2%) und wenig gewöhnliches Strontium enthalten. Dann ist nämlich der Hauptanteil an Strontium durch den Zerfall des Rubidiums entstanden. Beispiele für solche Minerale sind Glimmer, Feldspat und Hornblende. Diese Methode reicht weit in die Vergangenheit; bei Glimmer beispielsweise sind Datierungen von einem Mindestalter von 80 Millionen Jahren bis zur Zeit der Erdkrustenbildung — rund 4,5 Milliarden Jahre vor der Gegenwart — möglich (s. Tabelle 8).

Die mit dieser Methode erzielten Ergebnisse stimmen gut mit jenen der Uran-Blei-Methode überein.

Die Rubidium-Strontium-Methode hat die Uran-Blei-Altersdaten für die ältesten Gesteine bestätigt. Sie liegen bei drei bis dreieinhalb Millionen Jahren; in diesem Zeitbereich dürfte sich also die Erdkruste verfestigt haben.

Tabelle 8. *Einige Ergebnisse von Messungen an der Glimmerart Lepidolith* (n. AHRENS)

Fundort	Rb/Sr-Alter in Mill. Jahren
Norway, Maine, USA	300
Karibib, Südwest-Afrika	900
Omarura, Südwest-Afrika	1250

9. Der Zerfall des Kaliums

Ein weiteres Isotop, das sich für die Altersbestimmungen anbietet, ist das Kalium-40. Neben den beiden übrigen Isotopen des Kaliums tritt es in sehr geringen Mengen auf, sein Verhältnis zu Kalium-39 beträgt 1:9345 und das zu Kalium-41 1:654. Seine Halbwertszeit beträgt ungefähr 1,3 Milliarden Jahre, seine Tochtersubstanzen sind das Metall Calcium-40 und das Gas Argon-40. Dabei entsteht mehr Calcium als Argon, doch das Mengenverhältnis beider — ungefähr 8:1 — bleibt gleich. Somit stehen zwei Stoffe für die Messung der Zerfallsmenge zur Verfügung. Argon eignet sich dafür besser als Calcium, denn dieses ist weit verbreitet — man wäre hier also genötigt, das aus dem radioaktiven Zerfall stammende Isotop vom ursprünglichen Material zu trennen. Das ist beim Argon nicht erforderlich — da es kaum chemische Verbindungen eingeht, befindet sich keines in den Gesteinen —, alles, was man im radioaktiven Mineral finden und im Schmelzofen aus ihm austreiben kann, dürfte aus dem Kaliumzerfall stammen. Die Situation ähnelt also jener der Heliummethode.

Die Flüchtigkeit des Edelgases Argon erweist sich allerdings wie die des Heliums als Fehlerquelle, auf die wohl manche offenbar zu niedrige Ergebnisse zurückzuführen sind.

Eine weitere Schwierigkeit ergibt sich bei der Kalium-Argon-Methode dadurch, daß die Halbwertszeit noch nicht genau bekannt ist. Um die Werte mehrerer Autoren vergleichen zu können, muß man sie erst auf eine gemeinsame Halbwertszeit

umrechnen. Das ist der Grund, aus dem in Tabelle 9 jeder Probe
zwei Alterswerte zugeordnet sind: Erstens der vom Autor angegebene Wert und zweitens die umgerechnete Vergleichszahl.

Diesem Nachteil steht auch ein Vorteil gegenüber: Da Rubidium meist in Gesellschaft von Kalium vorkommt, kann man das

Tabelle 9. *Einige Resultate von Altersbestimmungen nach* LIPSON *sowie* WASSER-
BURG *u. a. nach massenspektroskopischen Messungen*

Fundort	Zeitalter	Alter (in Mill. Jahren) Originalangaben	Alter (in Mill. Jahren) umgerechnet
Sparta, Wisconsin	Kambrium	574	464
MacMurray-Gebiet, Kanada	Kreide	142	142
Burlington County, New Jersey	Kreide	93	72
Burlington County, New Jersey	Tertiär	68	53
Neuseeland	Tertiär	21	21

Alter manchmal sowohl nach der Rubidium-Strontium-Methode
wie nach der Kalium-Argon-Methode bestimmen und die Ergebnisse gegenseitig kontrollieren. Wegen der weiten Verbreitung
des Kaliums ist die Kalium-Argon-Methode vielfältig anwendbar
— etwa bei Orthoklas und Kaliglimmer. Auch bei glaukonithal-
tigen Sedimenten hat sie zu guten Resultaten geführt.

10. Die radioaktiven Höfe

Eine weitere Möglichkeit zur Datierung ergeben winzige radioaktive Körnchen, die in Kristallen eingeschlossen sind. Aus ihnen
schießen ununterbrochen Bruchstücke der zerfallenden Atomkerne in die Umgebung, und zwar sind es Kerne von Helium-
atomen. Die verschiedenen Produkte der betreffenden Zerfallsreihe bleiben zurück, und jedes zerfällt selbst, wobei wieder
Heliumkerne ausgesandt werden, und so geht der Prozeß weiter,
bis sich schließlich inaktives Blei gebildet hat.

Die Heliumkerne — als radioaktive Teilchen auch Alphastrah-
len genannt — verhalten sich wie Geschosse, sie können Mole-
küle des Kristallverbandes sprengen; besonders stark wirken sie
auf Einschlüsse von Eisen ein. Diese Veränderungen äußern sich
durch Farbumschläge, die Ergebnisse sind die sogenannten radio-

aktiven oder pleochroitischen Höfe, einige Hundertstel Millimeter
große, kugelförmige, gefärbte oder auch gebleichte Zonen rund
um das zentrale Körnchen herum (Abb. 66). Manche werden erst
durch besondere optische Maßnahmen sichtbar. Stets schließen

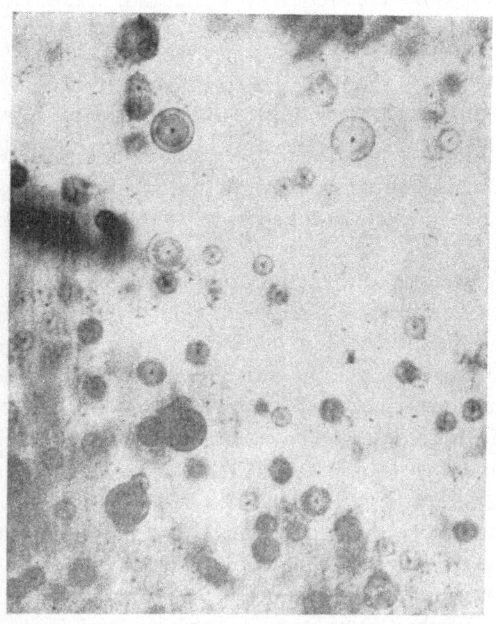

Abb. 66. Radioaktive Höfe in einer Probe des Fluorit (aus PRZIBRAM u.
HABERLANDT 1956)

sich mehrere von ihnen um ein gemeinsames Zentrum. Das rührt
daher, daß die herausschießenden Alphateilchen verschiedene
Energien haben, je nachdem, aus welchem Zerfallsprodukt des
Ausgangsmaterials sie stammen. So erzeugt Radiumemanation,
das gasförmige Zerfallsprodukt von Radium, einen anderen Ring
als Radium selbst. Die Deutlichkeit der einzelnen Höfe hängt
natürlich von der Intensität und der Dauer der Strahlung ab, und
da die einzelnen Zwischenprodukte auch sehr verschiedene Halbwertszeiten haben, so läßt sich aus dem Ausbildungsgrad der Zonen ablesen, wie weit der Zerfall schon fortgeschritten ist — und
dieses Ergebnis ist ein Hinweis auf das Alter der Probe.

Der Anwendungsbereich der Datierung mit Hilfe der radioaktiven Höfe deckt sich mit dem der Uranmethode. Für zwei präkambrische Gesteine ergab sie 800 Millionen Jahre. Besondere Bedeutung hat sie nie gewonnen, doch verdient sie Beachtung als Vorläufer von zwei modernen Verfahren, die auf ein ähnliches Prinzip zurückgehen.

11. Radioaktive Spuren
(Fission-Track- und Alpha-Recoil-Track-Methode)

Die Fission-Track-Methode (Spaltungsspurenmethode) beruht auf dem spontanen Zerfall schwerer radioaktiver Kerne, insbesondere jener des seltenen Isotops Uran-238. Die mit großer Energie ausgeschleuderten Trümmer hinterlassen in den Kristallgittern Zerstörungsspuren, die man durch Anätzen vergrößern kann (Abb. 67). Ein normales Mikroskop genügt dann, um sie sichtbar zu machen und auszuzählen. Die Bestimmung der insgesamt enthaltenen Uranmenge gelingt durch Bestrahlung mit thermischen Neutronen, wozu sich jeder Kernreaktor eignet. Die Neutronen spalten die ^{235}U-Kerne und erzeugen neue Spuren. Durch Anätzen und Auszählen ist es nun möglich, die Menge des nicht spontan zerfallenen Urans festzustellen. Das Verhältnis der Menge der zerfallenen zur Gesamtmenge aller Uranatome gibt ein Maß für das Alter der Probe.

Die Fission-Track-Methode wurde zunächst entwickelt, um die Spuren kosmischer Strahlung in Proben auszuwerten, die mit Raketen in den Weltraum geschossen werden, beispielsweise in den Teilen zurückgekehrter Raumschiffe. Kurz darauf erfolgte auch die Anwendung für Probleme der Geochronologie. Der Umfang des erfaßbaren Zeitraums ist erstaunlich groß, er reicht von 20 Jahren bis zu 1,5 Milliarden Jahren. Beispiele für Resultate dieser Methode sind ein Tektit aus Massachusetts, der sich als 32,0 Millionen Jahre alt erwies, und eine Probe Kalzit aus Mexiko, für die sich 2,5 Millionen Jahre ergaben.

Verwendet man zur Analyse der Ätzfiguren die Phasenkontrastmikroskopie, so kommen neben den „Spaltungsspuren" noch weitere, viel kürzere Spuren zum Vorschein. Auch sie sind Folgen einer radioaktiven Erscheinung, des Alphazerfalls — vor allem von Uran-238 und Thorium. Beim Aussenden jedes Alphateilchens erhält der schwere Kern einen Rückstoß, der zu den erwähnten Spuren führt. Die darauf beruhende Datierungsmethode der Alpha-Particle-Recoil-Tracks (Alphateilchen-Rückstoßspuren)

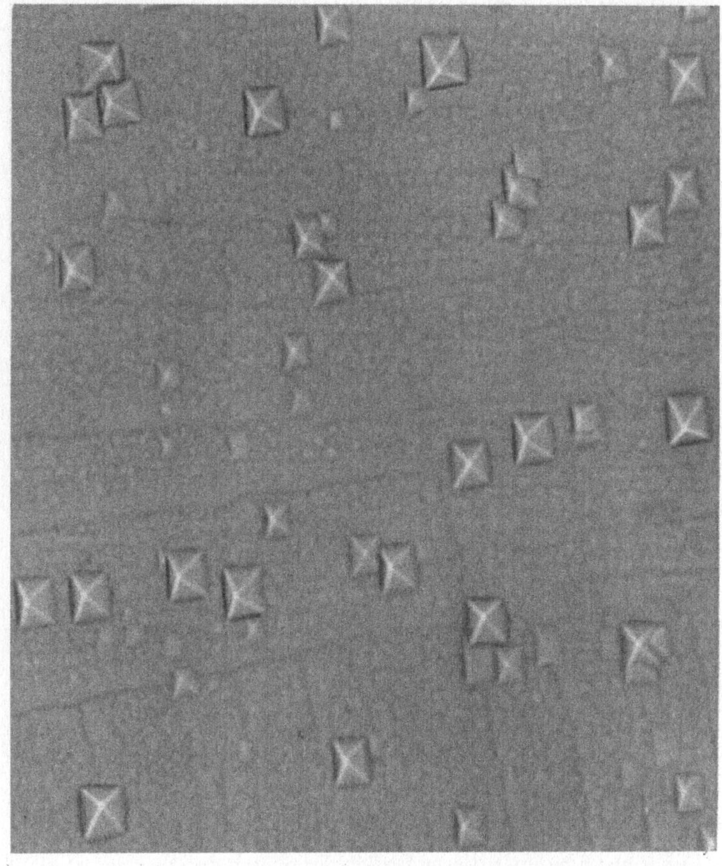

Abb. 67. Fossile Spaltungsspuren in Kalzit, durch Anätzen sichtbar gemacht
(Photo: R. F. Sippel)

ist sehr empfindlich — sie läßt sich noch anwenden, wenn die Urankonzentration 4000 mal geringer ist, als für die Fission-Track-Methode nötig ist. Genau wie diese hat sie ihre interessanteste Anwendung bei Meteoriten gefunden.

IV. Die Urzeit des Weltalls

Auf unserem Streifzug durch die Vergangenheit haben wir nun den frühesten Abschnitt erreicht, und damit versiegen fast alle bewährten Informationsquellen, vor allem der Schichtenkalender.

Abb. 68. Spiralnebel im großen Bären (aus KRUSE u. DIECKVOSS 1954)

Und doch stehen wir dieser Epoche und auch der Zeit davor nicht völlig blind gegenüber. Es gibt Methoden, Altersangaben zu erhalten, und sie wurden genützt.

Wie zu erwarten ist, sind die Ergebnisse noch weniger gesichert als die über die Zeit während des Bestehens der Erde. Oft weichen die Meinungen nicht nur geringfügig voneinander ab, sondern grundlegend. Am deutlichsten zeigt sich das bei der

Frage nach der Entstehung der Welt. Man hat festgestellt, daß alle Welteninseln (Abb. 68), von denen unsere Milchstraße nur eine unter sehr vielen ist, in Bewegung sind, und daß sich die meisten von ihnen mit enormer Geschwindigkeit voneinander entfernen. Das legt die Vorstellung nahe, daß sie aus einer Urexplosion stammen, daß sie also einst einem kleinen Raum entsprungen sind, in dem alle Materie zusammengedrängt war. Dieser Theorie steht aber eine andere gegenüber, nach der es keinen Anfang, sondern ein stetes Werden und Vergehen gibt. Sterne, die ihre Bewegung an den „Rand des Weltalls" gebracht hat, verschwinden, und aus dem Innern des Weltalls heraus bildet sich neue Materie.

Wenig Zweifel gibt es darüber, daß jede Materie einst in Form eines Gases auftrat. Aus der Theorie folgt, daß Gase im leeren Raum auf die Dauer nicht gleichmäßig verteilt sein können — vielmehr müssen sie sich in einzelnen Bereichen konzentrieren, in anderen verdünnen. Die Schwerkraft sorgt dafür, daß die einmal gebildeten Gasansammlungen nicht wieder auseinanderströmen; im Gegenteil: Sie verdichten sich mehr und mehr, bis Sterne entstanden sind, Sonnen wie die unsere.

Nach einer Theorie des deutschen Physikers und Astronomen Carl Friedrich von Weizsäcker entstanden die Sonnen und ihre Planeten etwa gleichzeitig. Ungeheuer große, rotierende Gasmassen flachten sich immer mehr und mehr ab, wobei sich in ihrem Inneren zahlreiche Wirbel ausbildeten. Allmählich konzentrierte sich die Materie in diesen Wirbeln, es entstanden Flocken, die weitere Flocken an sich zogen. Je größer und schwerer sie wurden, um so leichter fiel es ihnen, weitere Materie an sich zu fesseln. Der zentrale Wirbel ballte sich zum Zentralstern zusammen, in den kleineren Außenwirbeln entstanden die Planeten und die Monde.

1. Erdalter und Weltalter

Radioaktive Prozesse gehören zu jenen Erscheinungen, die relativ unabhängig von äußeren Einflüssen verlaufen. Ihre Halbwertszeiten bleiben auch bei der größten Hitze oder unter dem größten Druck, wie sie bisher in Laboratorien erreicht wurden, unverändert. Man darf also annehmen, daß der Kernzerfall ungestört vonstatten geht, seit die Kernprozesse beendet waren, denen die Materie ihre Entstehung verdankt. Wenn wir heute noch natürliche radioaktive Substanzen vorfinden, für die sicher ist, daß sie seither nicht mehr nachproduziert wurden, so beweist das, daß die seit der Elementensynthese vergangene Zeit in ihrer Größenordnung mit deren Halbwertszeiten vergleichbar ist.

Stünde uns eine Probe festen Urans zur Verfügung, die seither chemisch oder physikalisch unbeeinflußt geblieben wäre — die also noch alle Zerfallsproduktes enthielte —, so wäre eine direkte Altersangabe und damit die Bestimmung des Zeitpunkts der Elementensynthese möglich. Nun befand sich aber die Materie, nachdem sie überhaupt in die Form von chemischen Elementen übergegangen war, zunächst im Zustand eines atomaren Gases. Das heißt aber, daß sich während dieser Zeitspanne die Zerfallsprodukte mit den anderen Elementen gleichmäßig vermischten. Erst unter der Einwirkung chemischer und physikalischer Einflüsse, besonders beim und nach dem Abkühlen, kam es zur Trennung der chemischen Elemente — nicht allerdings der gleichartig reagierenden Isotope. Das ist der Grund für die annähernd konstanten Verhältnisse stabiler Isotope, die man mit Hilfe der Spektrographie später auch für die Weltraummaterie bestätigt gefunden hat. Offenbar haben sie sich seit der Elementenentstehung nicht mehr verändert; somit finden wir in ihnen wichtige Anhaltspunkte für den Aufbau der Materie.

Die annähernde Konstanz der Isotopenverhältnisse gilt freilich nicht für radioaktive und radiogene Isotope. So muß das Verhältnis von Uran-238 zu Uran-235 ständig gestiegen sein, weil Uran-238 eine größere Halbwertszeit hat als Uran-235.

Neuere Theorien für die Bildung der schweren Elemente ergeben, daß das Anfangsverhältnis von Uran-235 zu Uran-238 etwa 164 zu 100 war. Berechnet man nun, wie lange es nach den bekannten Zerfallsgesetzen dauert, bis sich das Verhältnis auf den heutigen Wert von 0,72 zu 100 verschoben hat, so kommt man auf 6,6 Milliarden Jahre (Abb. 69).

Etwas kompliziertere Rechnungen erlauben es auch, das Alter der Erde zu ermitteln. Alle diese Methoden gehen von der Annahme aus, daß die Erde und die Eisenmeteorite gleichzeitig mit der Sonne aus demselben Material entstanden sind. Eisenmeteorite dürften die Bruchstücke eines alten Planeten zwischen Mars und Jupiter sein. Da sie so gut wie kein Uran enthalten, dokumentiert das für sie charakteristische Verhältnis der Bleiisotope auch jenes der Erde zur Zeit ihrer gemeinsamen Entstehung. Was im Bereich

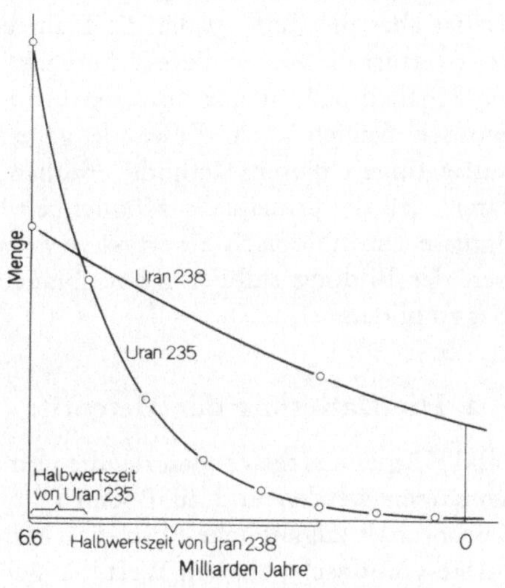

Abb. 69. Wenn man die Zerfallskurven von Uran-238 und Uran-235 zurückverfolgt, dann ergibt sich, daß zwischen dem heutigen Stand des Mengenverhältnisses 0,726:100 und demjenigen des Beginns, nämlich 164:100, 6,6 Milliarden Jahre liegen

der Erde inzwischen an Blei hinzugekommen ist, muß aus dem radioaktiven Zerfall stammen und gibt ein recht genaues Maß für das Alter der Erde. Der bisher sicherste Wert dürfte jener von T. J. ULRYCH von der Universität von British Columbia sein; er beträgt 4530 ± 40 Millionen Jahre.

Von entscheidender Bedeutung für die Kosmologie ist das Intervall zwischen dem Ende der Kernsynthese und der Bildung des Planetensystems. Auch hierfür liefert die Radiometrie Anhaltspunkte, und zwar durch das heute ausgestorbene Isotop Jod-129, das mit einer Halbwertszeit von 16,4 Millionen Jahren in Xenon-129 zerfällt. Aus theoretischen Überlegungen ergibt sich ein Anfangswert von $1,25 \cdot 10^{-3}$ für das Verhältnis von Jod-129 zu Jod-127. Was man darüber hinaus an Xenon-129 findet, muß also aus Jod-129 stammen; das bedeutet aber, daß zu jener Zeit, seit der das Xenon-129 nicht mehr entweichen konnte, noch nicht alles Jod-129 zerfallen war. Diese Restmenge, die dem Xenongehalt entspricht, ist ein Maß für die Zeit seit der Kernsynthese. Dadurch datiert man also die Bildung der kühlen kompakten Materie — das ist aber die Zeit, zu der die Planeten entstanden sind. Bemerkenswert ist die Kürze dieses Intervalls: Bei den meisten Gesteinen ergaben sich Werte von 100 bis 250 Millionen Jahren. Es wurden freilich auch Einwände gegen die theoretischen Voraussetzungen dieser Methode erhoben. Das ändert aber nichts daran, daß die prinzipielle Möglichkeit besteht, auch so ferne Ereignisse chronologisch zu erfassen wie die Zeit, die die Materie seit der Bildung stabiler Kerne brauchte, um feste Himmelskörper zu bilden.

2. Die Datierung der Meteorite

Meteorite sind Körper aus fester Materie, die vom Schwerefeld der Erde eingefangen werden und zu Boden fallen. Als bisher einzige der Wissenschaft zugängliche Form von Materie aus dem Weltraum sind sie von unschätzbarem Wert. Sie geben Hinweise für die Entwicklung des Sonnensystems und auch für die Entstehung der chemischen Elemente. Aus diesem Grund hat man jede Möglichkeit, sie zu datieren, auszunutzen versucht.

Gelegenheit zur Einteilung der Meteorite gibt ihre chemische Zusammensetzung. Man unterscheidet Steinmeteorite, Stein-Eisen-Meteorite und Eisenmeteorite. Innerhalb dieser Hauptklassen ergeben sich Gruppen, von denen sich jede für sich durch nahezu übereinstimmende Mineralanteile auszeichnet. Die Vermutung liegt nahe, daß die Angehörigen jeder Gruppe gemeinsamen Ursprung haben.

Meteorite enthalten Spuren radioaktiver Substanzen und sind deshalb der Radiometrie zugänglich; in letzter Zeit wurde auch die Fission-Track-Methode mit Erfolg eingesetzt. Je nach den Umständen der Messung erhält man sehr verschiedene Daten aus der Geschichte des Meteorits. Dem, was man üblicherweise als Alter bezeichnet, entspricht die Zeit, die seit dem Erstarren des

Materials aus der Schmelze vergangen ist. Von diesem Zeitpunkt an können sich Mutter- und Tochtersubstanzen nicht mehr trennen, und die radioaktive Uhr läuft an.

Bei Steinmeteoriten hat sich die Rubidium-Strontium-Methode bewährt. Für eine spezielle Klasse von ihnen, die Achondriten, die offenbar durch einen Schmelzprozeß aus einer anderen, ebenfalls oft auftretenden Klasse, den Chondriten, hervorgehen, ergab sich in guter Übereinstimmung ein Wert von 4,6 Milliarden Jahren. Damals fand also eine Erwärmung des Mutterkörpers der Achondrite statt. Bei Eisenmeteoriten, die wenig Rubidium enthalten, so daß die Rubidium-Strontium-Methode nicht anwendbar ist, bedient man sich zur Altersbestimmung des Zerfalls des Rheniums in Osmium. Ein aus neueren Ergebnissen gemittelter Wert weist auf rund vier Milliarden Jahre seit dem letzten Schmelzprozeß.

Auch aus radioaktiven Zerfallsprozessen stammende Edelgase wurden für Datierungen herangezogen, beispielsweise die Kalium-Argon-Methode. Wieder erhält man auf diese Weise die Zeit, die seit der letzten Erwärmung vergangen ist — die Zeit der letzten vollständigen Entgasung. Voraussetzung ist, daß der Meteorit späterhin so kalt geblieben ist, daß er keine Edelgasverluste mehr erlitt. Kalium-Argon-Bestimmungen an Steinmeteoriten ergaben Werte um 4,6 Milliarden Jahre und darunter. Einige Messungen an Eisenmeteoriten erbrachten auch wesentlich höhere Werte: J. ZÄHRINGER vom Max-Planck-Institut für Kernphysik in Heidelberg fand für den 1840 in Amerika niedergegangenen Carthage-Meteoriten und für den 1947 in Sibirien aufgefundenen Sikhote-Alin-Meteoriten Kalium-Argon-Alterswerte von 6,3 Milliarden Jahren. Eventuell noch höhere Werte, nämlich 7,4 und 8,1 Milliarden Jahre, ergaben sich für den Canon-Diablo-Meteoriten von 1891.

Diese Angaben stehen jedoch im Widerspruch zu den Ergebnissen der Osmium-Rhenium- und der Blei-Blei-Methode und dürften auf noch ungeklärte Einflüsse zurückzuführen sein.

Meteorite bieten auch Gelegenheit zur Bestimmung des Intervalls zwischen dem Ende der Kernsynthese und der Bildung des Planetensystems. Wie bei den Gesteinen (s. S. 117) benützt man als Maß dafür den Gehalt an überschüssigem Xenon-129, dem Zerfallsprodukt des heute ausgestorbenen Isotops Jod-129. Im Jahr 1960 gelang es erstmalig, radiogenes Xenon-129 in Meteoriten zu finden.

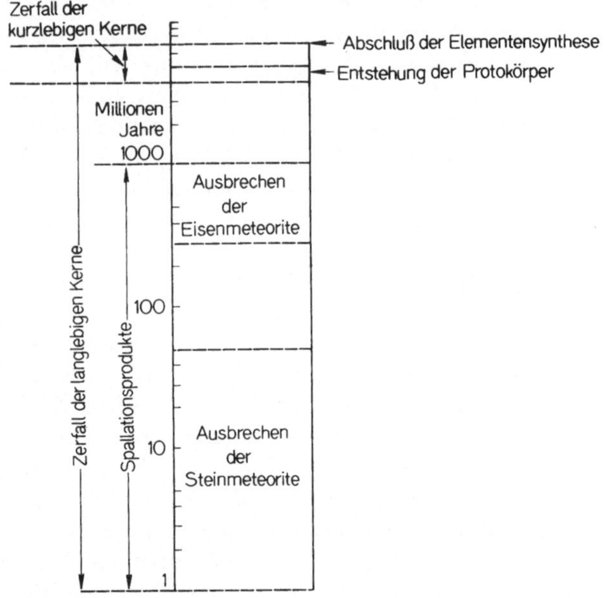

Abb. 70. Chronologie der Meteorite (etwas verändert, nach Meyers Handbuch über das Weltall)

Der Nachweis, daß die Anreicherung des Xenons-129 nicht auf eine Entmischung der Xenonisotope zurückzuführen ist, gelang durch einen Entgasungsversuch. In einer Meteoritenprobe wurde durch Bestrahlung mit Neutronen Jod-127 in Xenon-128 umgewandelt. Beim Erhitzen auf Temperaturen zwischen 500 und 1300° Celsius wurden Xenon-128 und Xenon-129 in gleichen Anteilen abgegeben.

Bisher liegen Bestimmungen der Xenonisotopenverhältnisse für etwa ein Dutzend Chondrite vor. Die Werte für das gesuchte Intervall zwischen dem Ende der Kernsynthese und der Bildung kompakter Materie liegen zwischen 50 und 250 Millionen Jahren.

Ein weiteres wichtiges Ereignis in der Geschichte der Meteorite ist das Ausbrechen aus dem Mutterkörper. Eine Zeitangabe dafür gibt das sogenannte Bestrahlungsalter — die Zeit, während der der Meteorit der Höhenstrahlung ausgesetzt war. Diese erzeugt neue stabile und instabile Kerne, deren Gehalt ein Maß für die Dauer der Einwirkung ist. Die für diese Methode notwendige Voraussetzung, nämlich die Konstanz der Intensität der Höhenstrahlung, ist durch Messungen der durch die Höhenstrahlung erzeugten radioaktiven Isotope verschiedener Halbwertszeiten hinreichend bewiesen. Es stellte sich heraus, daß die Zeit des Ausbrechens bei Eisenmeteoriten wesentlich weiter zurückliegt (0,5 bis 1 Milliarde Jahre) als bei den Steinmeteoriten (um 10 Millionen Jahre). Professor H. WÄNKE vom Max-Planck-Institut für Chemie, Mainz, hat darauf hingewiesen, daß für viele Klassen von Meteoriten Gruppierungen des Bestrahlungsalters um einige wenige diskrete Werte gefunden wurden. Das deutet auf mehrere einzelne Ereignisse, die zum Zerbrechen der Mutterkörper führten. So bildeten sich beispielsweise fast alle mittleren Oktaedrite — ein Typ der Eisenmeteorite — vor rund 500 Millionen Jahren. Besonders deutlich ist die Gruppierung der Steinmeteorite nach verschiedenen Entstehungszeiten.

Faßt man alle Datierungsergebnisse, die an Meteoriten gewonnen wurden, zusammen, so erhält man ein Schema, das aufschlußreiche Hinweise für das Schicksal der Materie im Weltraum enthält (Abb. 70).

3. Die Energie der Sterne

Woher stammt die Energie, die die Sonne ununterbrochen in den Weltraum strahlt? Erst die Kernforschung konnte auf diese Frage eine Antwort finden: Der energieliefernde Prozeß ist die Verschmelzung von Wasserstoff in Helium. Jede Sekunde werden dabei acht Milliarden ($8 \cdot 10^9$) Tonnen Wasserstoff und Helium verwandelt. Nun ist die Gesamtmasse der Sonne bekannt — es sind $2 \cdot 10^{27}$ Tonnen; etwa die Hälfte davon besteht aus Wasserstoff. Daraus folgt, daß die Sonne ihre Energieproduktion im selben Maß noch rund 50 Milliarden Jahre hindurch fortsetzen kann.

Aus spektrographischen Messungen ist bekannt, daß Wasserstoff und Helium die häufigsten Elemente im Weltall sind; sie bilden 99 Prozent der Materie, 55 Prozent entfallen auf den Wasserstoff, 44 Prozent auf das Helium, nur 1 Prozent entfällt auf die übrigen Elemente. Wenn man voraussetzt, daß diese Verteilung im Zeitpunkt ihrer Entstehung auch für die Sonne galt, dann hat sie bisher 5 Prozent ihrer Wasserstoffmenge verbraucht, und das ist ein Zehntel jener Menge, die sie heute noch besitzt. Folglich mißt auch ihr bisheriges Leben ein Zehntel der oben ausgerechneten künftigen Lebenszeit, das sind 5 Milliarden Jahre.

Solche Berechnungen lassen sich auch bei anderen Fixsternen vornehmen. Man hat heute recht gute Vorstellungen davon, welches Schicksal ein Stern im Laufe seiner Entwicklung erleidet. Die Sonne gehört zu den jüngsten Sternpopulationen, wie sie in den Spiralarmen von Milchstraßensystemen vorkommen. Wesentlich älter sind beispielsweise die Sterne der sogenannten Kugelhaufen, sehr dichten, annähernd kugelförmigen Sternansammlungen. Für sie ergibt sich ein Alter von 12 Milliarden Jahren.

4. Die Rotverschiebung

Unsere Kenntnisse über den Weltraum verdanken wir der elektromagnetischen Strahlung, vor allem dem Licht. Aus den Sternspektren beispielsweise ist zu ersehen, aus welchen Stoffen die Himmelskörper und interstellaren Gase bestehen. Es sind chemische Elemente, die auch auf der Erde vorkommen. Bei der Aufnahme von Spektren weit entfernter Welteninseln ergibt sich allerdings etwas Merkwürdiges: Zwar entsprechen die Entfernungen und Intensitäten der Linien völlig jener der bekannten Spektren, doch stehen die Linienmuster selbst nicht an ihren gewohnten Plätzen, sondern erscheinen verschoben.

Als Grund dafür kommt praktisch nur der Dopplereffekt in Frage — eine für jede Wellenbewegung charakteristische Erscheinung. Farben und Tonhöhen sind von den Frequenzen der einlaufenden Wellen abhängig. Bewegt sich ihre Quelle auf den Beobachter zu, so verkürzt sich die Entfernung, und die später ausgesandten Wellen haben kürzere Laufzeiten. Sie legen ihre Wege rascher zurück — dadurch verkürzen sich aber die Intervalle zwischen den einlaufenden Maximalausschlägen (Amplituden), und die Frequenz wird höher. Die Spektrallinienmuster von Lichtquellen, die sich auf den Beobachter zubewegen, sind daher gegen Blau verschoben. Entsprechendes ereignet sich bei fortlaufenden Lichtquellen — die Spektren sind gegen Rot verschoben (Abb. 71). Dabei ist die Verschiebung der Geschwindigkeit proportional.

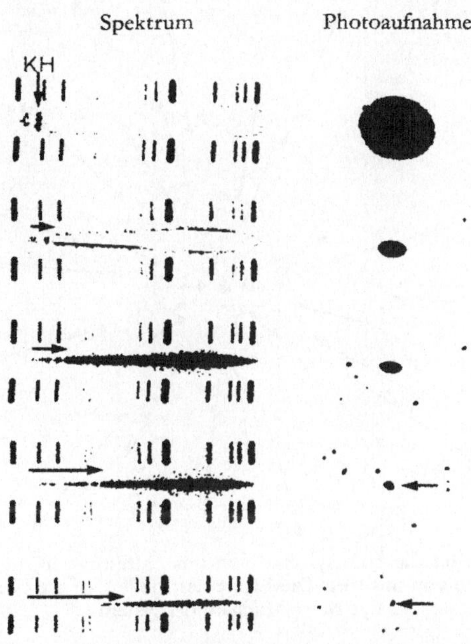

Abb. 71. Spektren einiger Sternsysteme mit ihren Entfernungen von der Erde und ihren auf diese bezogenen Geschwindigkeiten. Die Strichsysteme über und unter den Sternspektren sind Vergleichsspektren von Eisen. Die horizontalen Pfeile deuten Richtung und Betrag der Rotverschiebung an. Man sieht, daß die Geschwindigkeiten um so größer sind, je weiter das Sternsystem von uns entfernt ist (Photo: Archiv Sternwarte Hamburg-Bergedorf)

Deutet man die Verschiebung der Sternspektren als Dopplereffekt, so stellt sich heraus, daß sich mit wenigen Ausnahmen (bei nahegelegenen Systemen) alle Galaxien von unserer eigenen, der Milchstraße, entfernen. Je weiter sie von ihr entfernt liegen, um so größer sind ihre Geschwindigkeiten (Abb. 72). Der größte lichtoptisch gemessene Wert beträgt 60920 Kilometer je Sekunde, ein Fünftel der Lichtgeschwindigkeit.

Kürzlich wurde mit den Mitteln der Radioastronomie an einem
sternähnlichen Objekt, dem Quasar PKS 0237 — 23, sogar eine
Geschwindigkeit von 82,4 Prozent der Lichtgeschwindigkeit gemessen. Diese Beobachtungen bestätigen, daß sich das Weltall im

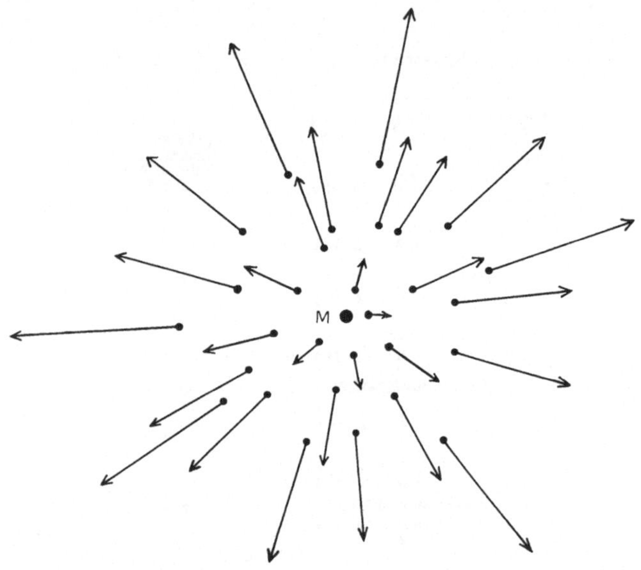

Abb. 72. Je weiter die Sternsysteme von uns entfernt sind, um so schneller
bewegen sie sich von uns fort. Die Länge der Pfeile gibt die Geschwindigkeit
an; M = Milchstraßensystem

Zustand des Auseinanderfliegens befindet — wobei die Himmelskörper als Trümmer einer ungeheuren Explosion erscheinen. Jene
Materie, die die größte Geschwindigkeit erhalten hat, befindet sich
schon weit vom Herd, die langsameren Teile sind noch in relativer Nähe zu beobachten.

Wo sich das Zentrum befunden hat, sozusagen der Mittelpunkt
der Welt, läßt sich nicht feststellen, obwohl man meinen könnte,
es läge bei uns, da sich die Hauptmassen von uns fortbewegen.
Dieser Eindruck entstünde aber auf allen anderen Plätzen auch,
die Situation ähnelt der eines Luftballons, der eben aufgeblasen
wird — jeder Punkt entfernt sich von jedem, je weiter zwei Punkte
voneinander entfernt sind, um so schneller wächst ihre Distanz.

Rechnet man aus, welche Zeit vergangen ist, seit alle Himmelskörper aus einem engbegrenzten Ort gestartet sind — vorausgesetzt, daß sie ihre Geschwindigkeiten seither nicht verändert haben —, so erhält man 13 Milliarden Jahre (Abb. 73).

Das ist also unseres Wissens nach das Alter des Weltalls. Vielleicht darf man diesem Wert nicht allzuviel Vertrauen schenken. Noch vor wenigen Jahren war man mit derselben Methode auf ein unhaltbar geringes Alter von zwei Milliarden Jahren gekommen, mußte aber daran festhalten, bis amerikanische Astronomen entdeckten, daß ihre Fernrohre dreimal so weit reichten, wie sie angenommen hatten. Dadurch vergrößerten sich nicht nur die Sterndistanzen, sondern es wuchs auch das mutmaßliche Alter der Welt.

Das Ergebnis 13 Milliarden ist also wahrscheinlich kein endgültiger Wert, obzwar er mit den nach anderen Methoden gewonnenen astronomischen Altersangaben gut zu vereinen ist. Wie aber die endgültige Lösung auch aussehen mag, eines beweist dieses Beispiel doch wie kein anderes: So klein der Mensch gegenüber der Welt, in der er lebt, auch ist — seine Gedanken kennen keine Schranken und dringen bis an das Ende von Zeit und Raum.

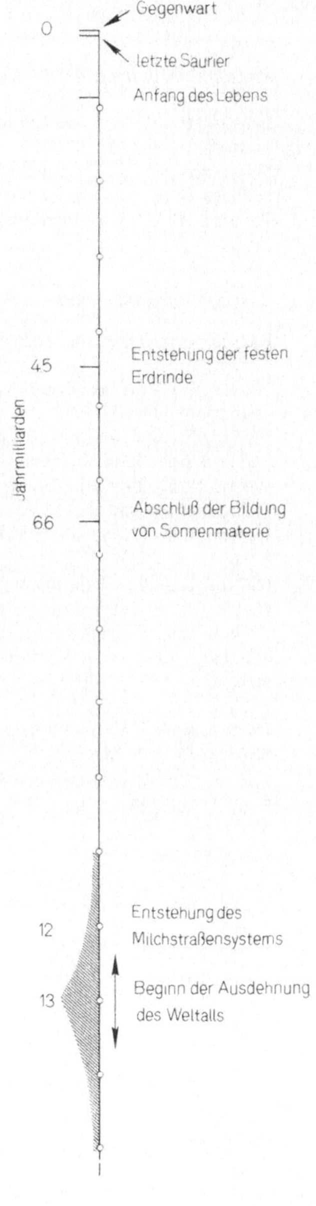

Abb. 73. Kosmische Zeitskala
(nach Unsöld)

Literatur

Zusammenfassende Darstellungen

Bowen, R. N. C.: The Exploration of Time. London: George Newnes Ltd.
1958.

Hamilton, E. I.: Applied Geochronology. London-New York: Academic
Press 1965.

Zeuner, F. E.: Dating the past. Ltd. 4. Ed. London: Methuen and Co. 1958.

Veröffentlichungen über Einzelgebiete

Brinkmann, R., et al.: Lehrbuch der allgemeinen Geologie. Stuttgart: Enke
1967.

Ebers, E.: Vom großen Eiszeitalter. Berlin-Göttingen-Heidelberg: Springer
1957.

Firbas, F.: Spät- und nacheiszeitliche Waldgeschichte Mitteleuropas nördlich
der Alpen. Jena: Fischer 1949.

Flint, R. F.: Glacial Geology and the Pleistocene Epoch. New York: Wiley
and Sons 1947.

Heberer, G. (Herausgeb.): Die Evolution der Organismen. Stuttgart: Fischer
1967.

Mägdefrau, K.: Paläobiologie der Pflanzen. Stuttgart: Fischer 1968.

Meier, H.: Geochronologie und Geochemie. Kosmochemie, Fortschritte der
chemischen Forschung, S. 233. Berlin-Heidelberg-New York: Springer 1966.

Müller, A. H.: Lehrbuch der Paläozoologie. Jena: Fischer 1957.

Penck, A., u. E. Brückner: Die Alpen im Eiszeitalter. Leipzig: Tauchnitz
1909.

Przibram, K.: Verfärbung und Lumineszenz. Wien: Springer 1953.

Schwarzbach, M.: Das Klima der Vorzeit. Stuttgart: Enke 1961.

Simon, W.: Zeitmarken der Erde. Braunschweig: Vieweg & Sohn 1948.

Sörgel, W.: Das diluviale System. Berlin: Borntraeger 1939.

Toepfer, V.: Tierwelt des Eiszeitalters. Leipzig: Akademische Verlagsgesell-
schaft 1963.

Wänke, H.: Meteoritenalter und Kosmochemie. Kosmochemie, Fortschritte
der chemischen Forschung, S. 322. Berlin-Heidelberg-New York: Springer
1966.

Woldstedt, P.: Das Eiszeitalter. Grundlinien einer Geologie des Quartärs.
Stuttgart: Enke 1954.

Quellenverzeichnis

AHRENS, L. H.: A summary of the use of the Rb-Sr method for the determination of the geologic age. Washington: Rept. Committee on the Measurement of Geol. Time 1946—1947, Natl. Research Council U.S. 1948.

BACHMAYER, F.: Gab es vor 2000 Millionen Jahren bereits Leben auf unserer Erde? Veröffentlichungen aus dem Naturhistorischen Museum. Neue Folge 3, 1. Wien 1960.

BÖGLI, A.: Karrentische, ein Beitrag zur Karstmorphologie. Z. Geomorph. 5, 185 (1961).

BROECKER, W. S.: Strahlungskurven und absolute Datierung der Eiszeiten. Science 151, 299 (1966); ref. in Umschau 67, 169 (1967).

COX, A., R. R. DOELL u. G. B. DALRYMPLE: Umkehr des Magnetfeldes der Erde? Science 144, 1537 (1964); ref. in Umschau 65, 580 (1965).

EMILIANI, C.: Isotopic paleotemperatures. Science 154, 851 (1966).

FRANKE, H. W.: Altersbestimmungen von Kalzitkonkretionen mit radioaktivem Kohlenstoff. Naturwissenschaften 38, 527 (1951).

FRYXELL, R.: Mazama and glacier peak volcanic ash layers: Relative ages. Science 147, 1288 (1965).

GEER, E. H. DE: G. De Geers chronology. Geokronolog. Inst. Stockholm: University Oslo 1962.

GRABHERR, W.: Die spät- und nacheiszeitlichen Kalktuffe und ihre Pflanzenabdrücke im Bereich der Landecker Quarzphyllitzone im Oberinntal (Tirol). Pyramide 9, 149 (1961).

GROHNE, W.: Eine neue Methode zur Herstellung von Dünnschnitten durch Holzkohle. Photographie und Forschung 6, 204 (1955).

GROSCHOPF, P., R. HAUFF u. A. KLEY: Pollenanalytische Datierung württembergischer Kalktuffe und der postglaziale Klima-Ablauf. Jh. geol. Landesamt Baden-Württemberg 2, 72 (1952).

HARDING, A., and H. DE VRIES: Radiocarbon dating up to 70000 years by isotopic enrichment. Science 128, 472 (1958).

HAYS, J. D., and N. D. OPDYKE: Antarctic radiolaria, magnetic reversals, and climatic change. Science 158, 1001 (1967).

HELLER, F.: Zur fossilen Fauna der jungpaläolithischen Stationen am Bruckersberg in Giengen an der Brenz. Veröffentlichungen des Staatl. Amtes für Denkmalspflege Stuttgart, Reihe A, Vor- und Frühgeschichte, Heft 2, S. 53, 1957.

HERZOG, L. F., W. PINSON, and R. F. CORMIER: Sediment age determination by RB/SR analysis of glauconite. Bull. Amer. Ass. Petrol. Geolog. 42, 717 (1958).

—, W. PINSON jr., and P. M. HURLEY: Rb/Sr analysis and age determination of certain lepidolites, including an international interlaboratory comparison suite. Amer. J. Sci. 258, 191 (1960).

HOHENBERG, C. M., F. A. PODOSEK, and J. H. REYNOLDS: Xenon-iodine dating: Sharp isochronism in chondrites. Science 156, 233 (1967).

HURLEY, P., and C. GOODMAN: Helium retention in common rock minerals. Bull. Geol. Soc. Amer. 52, 545 (1941).

KOWALSKI, K.: Paleozoologiczne datowanie osadów jaskiniowych. Folia Quarternaria 8, 1 (1962).

— Pleistocene Rodents from the Nietoperzowa Cave in Poland. Lódź: Rep. VIth Int. Congr. Quarternary Warsaw 1961, Vol. II, 1964.

KRUSE, W., u. W. DIECKVOSS: Die Wissenschaft von den Sternen. Berlin-Göttingen-Heidelberg: Springer 1954.

LIDZ, L.: Deep-sea pleistocene biostratigraphy. Science **154**, 1448 (1966).

LIPSON, J.: K-A dating of sediments. Geochim. et Cosmochim. Acta **10**, 149 (1956).

MÄGDEFRAU, K.: Die Vegetation der Erde einst und jetzt. Stahl und Eisen **84**, 1648 (1964).

— Die Strukturerhaltung fossiler Pflanzen. Bild der Wissenschaft **12**, 989 (1966).

MARTINI, E.: Der stratigraphische Wert der Nanno-Fossilien im nordwestdeutschen Tertiär. Erdöl und Kohle **12**, 137 (1959).

MAURIN, V., u. J. ZÖTL: Karsthydrologische Aufnahmen auf Kephallenia (Ionische Inseln). Steirische Beiträge zur Hydrogeologie. Neue Folge, Jahrgang 1960, Heft 1.

MICHELS, J. W.: Archeology and dating by hydration of obsidian. Science **158**, 211 (1967).

MÜNNICH, K. O.: Die C 14-Methode. Geologische Rundschau **1**, 237 (1960).

—, u. J. C. VOGEL: C 14-Altersbestimmung von Süßwasserkalkablagerungen. Naturwissenschaften **46**, 168 (1959).

OAKLEY, K. P.: The antiquity of skulls reputed to be from flint Jack's cave, Cheddar, Somerset. Progr. Univ. Bristol Spel. Soc. **8**, 77 (1958).

OVERBECK, F.: Pollenanalyse als Datierungsmittel. Schriften des Naturwissenschaftlichen Vereins für Schleswig-Holstein **29**, 50 (1959).

—, K. O. MÜNNICH, L. ALETSEE u. F. R. AVERDIECK: Das Alter des „Grenzhorizonts" norddeutscher Hochmoore nach Radiocarbondatierungen. Flora **145**, 37 (1957).

PRZIBRAM, K., u. H. HABERLANDT: Über Farbe und Lumineszenz der Feldspate. Wien: Springer 1956.

SEITZ, H. J.: Die Süßwasser-Kalkprofile zu Wittislingen und die Frage des nacheiszeitlichen Klimaablaufs. 4. Bericht der naturforschenden Gesellschaft Augsburg, 1951.

SIPPEL, R., and E. GLOVER: Fission damage in calcite and the dating of carbonates. Science **144**, 409 (1964).

STEINERT, H.: Fossile Magnete als Erdgeschichtszeugen. Umschau **57**, 101 (1957).

STRAKA, H.: Fünfzig Jahre Pollenanalyse. Umschau **66**, 426 (1966).

UNSÖLD, A.: Spektroskopische Probleme der Sternentwicklung. Naturwissenschaften **4**, 7 (1960).

UREY, H. C.: Oxygene isotopes in nature and in the laboratory. Science **108**, 489 (1948).

VIERKE, M.: Die ostpommerschen Bändertone als Zeitmarken und Klimazeugen. Abh. geol. plääont. Inst. Greifswald **18**, 34 (1937).

VOGEL, J. C.: Über den Isotopengehalt des Kohlenstoffs in Süßwasser-Kalkablagerungen. Geochim. et Cosmochim. Acta **16**, 236 (1959).

WASSERBURG, G. J., R. J. HAYDEN, and K. J. JENSEN: A^{40}-K^{40} dating of igneous rocks and sediments. Geochim. et Cosmochim. Acta **10**, 153 (1956).

(Herausgeber ungenannt): Die Entwicklungsgeschichte der Erde. Hanau am Main: W. Dausien 1962.

Sachverzeichnis